Tomas Bohinc

Projektmanagement

Soft Skills für Projektleiter

Tomas Bohinc

Projektmanagement

Soft Skills für Projektleiter

GABAL

Bibliografische Information der Deutschen Bibliothek

Die Deutsche Bibliothek verzeichnet diese Publikation in der Deutschen Nationalbibliografie; detaillierte bibliografische Informationen sind im Internet über http://dnb.ddb.de abrufbar.

ISBN: 978-3-89749-629-3

3. Auflage 2008
Lektorat: Dr. Michael Madel, Ruppichteroth
Umschlaggestaltung: +malsy Kommunikation und Gestaltung, Willich
Umschlagfoto: Corbis, Düsseldorf
Satz und Layout: Lohse Design, Büttelborn
Druck: Salzland Druck, Staßfurt

Abonnieren Sie unseren Newsletter unter:
www.gabal-verlag.de

Inhalt

Vorwort

„Wir haben nicht die richtigen Projektleiter!" Eine Feststellung, die ich vor 15 Jahren zum ersten Mal hörte. Die Antwort des Unternehmens, bei dem ich tätig bin, war eine Projektleiterfortbildung. Das Highlight dieser Reihe war ein fünftägiges Projektleitertraining. Auf der Agenda standen Themen wie Präsentieren, Moderieren, Gespräche führen und Konfliktmanagement. Aus den fünf Tagen wurde dann eine Kette mit 15 Tagen, bei der die Teilnehmer über zwei Jahre systematisch ihre Soft Skills entwickeln konnten. „Den Projektleitern fehlen vor allem die Soft Skills, die sie für ihren Job brauchen!" Das ist meine Erkenntnis nach 15 Jahren.

Fehlende Soft Skills

Klaus Tumuscheit, mit dem ich damals dieses Training konzipierte, fragte die Teilnehmer zu Beginn immer: „Was glauben Sie, woran die meisten Projekte scheitern? An den Sachthemen oder an Beziehungsthemen?" Seine Antwort war: „80 Prozent der Projekte scheitern auf der Beziehungsebene." Ein erfolgreicher Projektleiter erstellt nicht nur Projektpläne oder schätzt den Aufwand. Er kann vor allem auch sein Projekt gut präsentieren, Gespräche mit Auftraggebern und Mitarbeitern führen, das Team in seiner Entwicklung begleiten und wenn es zu Konflikten kommt, diese klären und Lösungen auch in emotional aufgeladenen Situationen finden.

Jede Projektphase erfordert spezifischen Soft Skill

Soft Skills lernt man in der Familie, später in der Schule und immer wieder in der täglichen Arbeitspraxis. Die Idee des Buches ist, Sie vom Beginn eines Projektes an zu begleiten. In jeder Projektphase steht ein neuer Soft Skill im Vordergrund. Mit Modellen erkläre ich, welche Ursachen soziales Verhalten hat und welche Wirkungen daraus entstehen. Methoden, Techniken und Tipps, wie diese Situationen gemeistert werden können, sind praktischen Hilfen für Ihr Überleben im Projekt.

Für das Projektleitertraining, das ich vor 15 Jahren konzipiert und viele Jahre als Trainer begleitet habe, schrieb ich kurze Texte für die Lerneinheiten. Daraus entstanden für die Zeitschrift „WISSEN HEUTE“ Aufsätze zu den Themen Präsentation, Gespräche, Teams und Konflikte. Ich danke der Redaktion der Zeitschrift für die Unterstützung in den vergangenen Jahren und für die Erlaubnis, in den Aufsätzen veröffentlichte Darstellungen und Grafiken zu verwenden.

Tomas Bohinc

1. Soft Skills: die harte Wirkung der weichen Faktoren

Ich weiß nicht, ob es besser wird, wenn es anders wird; aber ich weiß, dass es anders werden muss, damit es besser wird.

Georg Christoph Lichtenberg, 1742–1799,
deutscher Physiker und Schriftsteller

Projektleiter gesucht!
[...]
Wir erwarten von Ihnen eine exzellente Fachkompetenz und gut ausgeprägte Soft Skills.

Projektleiter mit Soft Skills gefragt

Immer öfter werden als Projektleiter Mitarbeiter gesucht, die nicht nur Fachexperten sind, sondern auch gut mit anderen Menschen umgehen können. Soft Skills, weiche Faktoren, sind die gesuchten Persönlichkeitsmerkmale. Ihr persönlicher Erfolg in einem Projekt hängt auch davon ab, wie gut es Ihnen gelingt, Ihr Projekt zu verkaufen, Gespräche konstruktiv zu führen, die Mitglieder Ihres Teams zu integrieren und Konflikte zu klären.

Miteinander reden

Beispiel: miteinander kommunizieren

Ein kleiner Raum. In ihm sitzen 15 Personen, die Key-Player des Projektes. Der Projektleiter steht vorne, ausgerüstet mit Notebook und Beamer. An die Wand werden nacheinander Folien projiziert – voller Grafiken und Text, die selbst aus der kurzen Entfernung, in der die meisten der Teilnehmer sitzen, kaum gelesen werden können. Der Projektleiter stellt im Detail dar, wie er das Projekt realisieren will.

Technische Spezifikationen. Abwägung von Risiken. Vorteile der technischen Neuerungen. Eine Stunde ist schon vorbei, die Aufmerksamkeit der Teilnehmer lässt nach. Aber erst die Hälfte der Folien ist geschafft! Die Reaktion des Auftraggebers ist enttäuschend: „Es war alles sehr interessant, was Sie vorgestellt haben. Aber ich sehe noch nicht, wie wir unser Problem damit lösen können."

Ein Tag später. Ein Mitbewerber stellt seine Lösung vor: „Vielen Dank für die gute Präsentation. Ich habe jetzt verstanden, wie Sie das Projekt realisieren wollen, und kann mit gut vorstellen, dass wir damit unser Problem lösen", sagt der Sprecher der Verhandlungsdelegation des Auftraggebers. Der Projektleiter hatte nur wenige Folien gezeigt. „Es hat mich viel Mühe gekostet, das Problem aus der Sicht des Kunden zu verstehen", sagte er einem Kollegen vor der Präsentation. Denn für ihn war alles klar. Er hatte dafür die perfekte Lösung und vieles schon im Detail vor Augen. Er hatte lange überlegen müssen, mit welchem griffigen Beispiel er dem Kunden die Lösung erklären konnte. Die Diskussion nach der Präsentation verlief sehr konstruktiv. Er bekam von den Teilnehmern noch viele Hinweise auf wichtige Details. Auch die Teilnehmer waren zufrieden. Schon lange nicht mehr hatten sie unter sich so eine angeregte Diskussion geführt und dabei ein besseres gemeinsames Verständnis von einem wichtigen Problem ihres Unternehmens gewonnen.

Was unterscheidet die beiden Projektleiter? Nun, der erste ist sicher ein exzellenter Fachmann. Er stellt sein Problemverständnis und seine Lösung in den Mittelpunkt. Die Präsentation soll den Auftraggeber durch die sachliche Lösung überzeugen. Aber sie erreicht ihn nicht.

Der zweite Projektleiter stellt das Problem aus der Sicht des Auftraggebers dar. Er hat die Fähigkeit, sich in dessen Problemwelt hineinzuversetzen, und kann dessen Sprache sprechen. Dies gelingt ihm so gut, dass der Auftraggeber neue Erkenntnisse über sein Problem gewinnt. Er kann für den Auftraggeber mitdenken.

Präsentieren können

In der Geschichte von der ersten Präsentation erwartet der Auftraggeber eine Antwort auf seine zentrale Frage: „Welchen Nutzen habe ich von dem Projekt?" Für ihn steht die Frage nach dem Grund

und dem Nutzen des Projektes im Vordergrund. Für den Projektleiter ist das Was, der Inhalt des Projektes mit all seinen Details, das Wichtigste. Sachlich ist es richtig und wichtig, dass der Auftraggeber diese genau kennt. Aber erst dann, wenn er den Nutzen für sich erkannt hat. Wann welcher Inhalt wie im Projekt präsentiert wird, ist entscheidend dafür, mit welcher Aufmerksamkeit und mit welchem Interesse die Beteiligten sich mit dem Projekt auseinander setzen.

Im zweiten Beispiel besitzt der Projektleiter das, was man Kommunikationsfähigkeit nennt. Damit ist er im Vorteil. Nicht nur bei der Präsentation des Projektes, sondern auch in allen anderen Phasen. In einem Projekt arbeiten Mitarbeiter, Auftraggeber und Stakeholder zusammen. Und dies bedeutet: Kommunikation über das, was getan wird, Kommunikation während der Arbeit und Kommunikation der Ergebnisse. Kommunikation sorgt dafür, dass Aufträge vermittelt, Wissen und Erfahrung weitergegeben und Missverständnisse und Konflikte geklärt werden.

Schlüsselfähigkeit Kommunikation

Der Projektleiter ist damit auch ein Manager, der Kommunikation initiiert und organisiert und Kommunikationsprozesse aktiv gestaltet. Kommunikation ist eine der erfolgsentscheidenden Fähigkeiten, die ein Projektleiter besitzen muss. Kommunizieren können wir alle. Professionelle Kommunikation hat jedoch noch eine andere Qualität. Sie muss effizient und effektiv sein. Das heißt, wir müssen wissen, was wir wem sagen wollen und wie wir dies am besten tun.

Miteinander handeln

Beispiel: Gespräche führen

Zwei Menschen sitzen sich gegenüber. Beide sehen vertieft in ihre Unterlagen. Einer der beiden, der Projektleiter, erklärt dem anderen, einem Projektmitarbeiter, dass er mit seiner Leistung nicht zufrieden ist. Der Projektmitarbeiter erläutert ausführlich seine Schwierigkeiten und Probleme, mit denen er zu kämpfen hat. Der Projektleiter erklärt ihm schulmeisterlich, wie er alles besser machen könnte. Ein unbeteiligter Beobachter hat den Eindruck, dass beide von unterschiedlichen Dingen reden. Nach zwei Stunden trennen sich beide. Nach einer

Woche ist noch alles beim Alten. Der Projektleiter ist unzufrieden. Der Mitarbeiter fühlt sich nicht unterstützt. Beide wissen, wenn es so weitergeht, kann der Terminplan nicht eingehalten werden.

Ein anderes Projekt. Ein Projektmitarbeiter soll motiviert werden – Nils, Mitarbeiter im Projekt „Saturn“, kommt schon lange nicht mehr mit seiner Aufgabe klar. All seine Lösungen und Arbeitsergebnisse wurden vom Projektleiter kritisiert. Auch andere Mitarbeiter haben ihm gesagt, dass sie mit dem, was er macht, nicht viel anfangen könnten und vieles nochmals selbst machen müssen. Nils ist verzweifelt, weil er nicht weiß, was er anders machen kann. Iris, die Projektleiterin, hat erkannt, dass sie handeln muss. Sie sagt zu Nils: „Komm bitte heute Nachmittag in mein Büro. Ich möchte mit dir besprechen, wie wir die Ergebnisse deiner Arbeit verbessern können.“ Sie sprach mit ihm lange und intensiv. Iris machte sich durch viele Fragen ein ausführliches Bild von der Situation, in der Nils steckt. Sie stellte viele Fragen, um herauszubekommen, warum Nils nicht effektiv arbeitete. Mitten im Gespräch kam er aber selbst auf die Lösung. Nils hatte in seinem letzten Projekt eine ähnliche Aufgabe. Dort war die Vorgehensweise allerdings ganz anders. In diesem Projekt machte er jetzt seinen Job, so wie er ihn kannte. Iris erklärte ihm ausführlich die Vorgehensweise in diesem Projekt. Es dauerte dann noch einige Tage, bis Nils sich auf die neue Arbeitsweise eingestellt hatte. Dann lief aber alles wie geschmiert.

Miteinander reden heißt auch, andere zu verstehen und das, was sie sagen, anzunehmen. Der Verhaltensforscher Konrad Lorenz hat diesen Sachverhalt so formuliert: „Gedacht heißt nicht immer gesagt, gesagt heißt nicht immer richtig gehört, gehört heißt nicht immer richtig verstanden, verstanden heißt nicht immer einverstanden, einverstanden heißt nicht immer angewendet, angewendet heißt noch lange nicht beibehalten.“

Soziale Beziehungen knüpfen

Soziale Beziehungen entstehen durch Kommunikation. Nur dadurch, dass wir andere verstehen und ihnen mitteilen, was wir von ihnen wollen, können auch sie so handeln, wie wir es möchten. Dies gilt natürlich auch umgekehrt. Nur dadurch, dass uns andere verstehen und uns mitteilen, was sie von uns erwarten, können wir unser eigenes Handeln darauf einstellen. Die Arbeit in einem Projekt wird nicht dadurch erledigt, dass die Projektmitarbeiter stumm aus dem Projektplan ablesen, was sie tun sollen. Erst indem der Projektleiter und seine Mitarbeiter miteinander reden, entwickeln beide ein gemeinsames Verständnis für das, was zu tun ist.

Soziales Verhalten basiert auf emotionaler Intelligenz

Emotionale und kognitive Intelligenz

Die amerikanischen Psychologen John D. Mayer und Peter Salovey entwickelten als Gegenpol zum Intelligenzquotienten (IQ) als Maßstab für kognitive Fähigkeiten den Begriff der emotionalen Intelligenz. Emotionale Intelligenz ist die Fähigkeit, intelligent mit eigenen Gefühlen und den Empfindungen anderer umzugehen. Der Grad der emotionalen Intelligenz zeigt sich darin, wie gut es gelingt, sich selbst wahrzunehmen, sich zu kontrollieren und zu motivieren, aber auch sich in andere einfühlen zu können. Sie wird durch den EQ, den emotionalen Quotienten, gemessen. Emotionale Intelligenz benötigen wir, um blitzschnelle Entscheidungen zu treffen, die aus kognitiver Sicht ungenau sind, uns aber als absolut richtig erscheinen. Umgangssprachlich sagt man dazu, dass eine Entscheidung „aus dem Bauch heraus" getroffen wird.

In einem Projekt brauchen Sie beides: kognitive und emotionale Intelligenz. Kognitive Intelligenz ist notwendig, um die Sachebene des Projektes zu managen. Hierzu gehört, den Auftrag des Projektes in Arbeitspakete zu gliedern, die Arbeit im Projekt zu planen und die Erstellung der Arbeitsergebnisse zu überwachen. Emotionale Intelligenz benötigen Sie, um Präsentationen zu halten, Gespräche zu führen, Meetings zu leiten, Workshops zu moderieren und Konflikte zu klären.

Auf der Sachebene werden Informationen vermittelt, Fragen beantwortet und Lösungen entwickelt. Auf der Sachebene sind wir nur dann erfolgreich, wenn wir gleichzeitig durch Kommunikation eine Beziehung zu unserem Gegenüber hergestellt haben.

Soft Skills am Verhalten beobachten

Was sind Soft Skills?

Auf der Beziehungsebene agieren Projektleiter mit ihren Soft Skills. Aber was sind Soft Skills genau? Der Begriff kommt aus dem Englischen; übersetzt bedeutet er „weiche Fähigkeiten" oder soziale

Kompetenz. Es ist der Gegenbegriff zu den „Hard Skills“, den „harten Fähigkeiten“ oder der Fachkompetenz. Soft Skills lassen sich nur am konkreten Verhalten von Menschen beobachten. Die Soft Skills, die ein guter Projektleiter besitzen sollte, werden durch das folgende Verhalten beschrieben:

Acht Schlüsselfähigkeiten

- **Kommunikation:** kommuniziert engagiert; fasst Ergebnisse zusammen; stellt Fragen, um Sachverhalte zu klären; ist ein geschätzter Gesprächspartner für Mitarbeiter und Kunden.
- **Kooperation:** bildet dauerhaft enge Kundenbeziehungen; berät und unterstützt andere; verfügt über gutes Verhandlungsgeschick; trifft klare Entscheidungen; lädt Kollegen ein, sich an Entscheidungen zu beteiligen.
- **Einfühlungsvermögen:** hört anderen zu; reflektiert eigenes und fremdes Verhalten; kann sich gut in kulturelle Unterschiede einfühlen.
- **Integrationsfähigkeit:** entwickelt nachhaltig Lösungsansätze in verfahrenen Situationen; geht Kompromisse für das übergeordnete Ziel ein.
- **Teamfähigkeit:** ist anpassungsfähig in relevanten Gruppen; fordert das Team zur kollektiven Problemlösung auf; respektiert die Meinungen und Grenzen anderer; überträgt Verantwortung auf das Team; misst das Team an gemeinsam definierten Zielen; geht Risiken für das Team ein.
- **Motivation:** unterstützt Kollegen in ihrer Arbeit und Entwicklung; setzt sich und anderen Ziele; zeigt Eigeninitiative; agiert als Vorbild für die Projektmitarbeiter; fördert die positive Einstellung zum Projekt.
- **Konfliktfähigkeit:** geht konstruktiv mit schwierigen Situationen um und meistert sie mit wenig fremder Unterstützung; erkennt Konflikte und Störungen; nutzt seine eigenen Stärken; greift Konflikte konstruktiv auf und löst sie durch einen Win-Win-Situation.

- **Kontaktfreudigkeit:** handelt offen und transparent; geht auf andere zu; kann soziale Kontakte schnell knüpfen; pflegt ein stabiles Netzwerk unter Kollegen.

Miteinander im Projekt erfolgreich sein

Beispiel: Projekt-Kick-off

Feedback-Runde am Ende des Kick-offs zum Projekt „Orion“. Ein Teammitglied nach dem anderen schildert sein Fazit der zwei Tage. „Ich habe meine Kollegen kennen gelernt. Ich freue mich, mit ihnen zusammenzuarbeiten“, sagt Barbara. Jürgen schließt sich an: „Mir ist mein Auftrag klar geworden.“ Fast wie ein Abschlusswort für alle ist der Beitrag von Walter: „Wir sind in den zwei Tagen schon ein bisschen wie ein Team zusammengewachsen.“ Für den Projektleiter war es wichtig, dass die Teammitglieder nicht nur mit dem Projekt vertraut werden, sondern sich auch persönlich kennen lernen konnten. Aus diesem Grund hatte er zwei Tage für das Kick-off eingeplant. „Das ist eine große Investition, aber ich weiß aus anderen Projekten, dass es sich lohnt“, hatte er seinem Chef gesagt. Die Vorstellung des Projektes hatte auf dem Kick-off einen wichtigen Platz. Denn die Teammitglieder sollten ja wissen, was ihre Aufgabe in den nächsten neun Monaten ist. Sie hatten aber vor allem viel diskutiert. In kleinen Gruppen, im gesamten Team und zu zweit oder zu dritt. Selbst am Abend hatte es noch viele fachliche Gespräche gegeben. Auf die Frage des Auftraggebers, ob das Projekt rechtzeitig fertig würde, sagte er: „Ich bin zuversichtlich, dass wir das Projekt stemmen werden. Das Engagement der Teammitglieder zeigte mir, dass wir auf dem richtigen Weg sind.“

Ein gelungenes Kick-off ist die beste Basis für ein erfolgreiches Projekt. Es ist nur eine von vielen Stationen von der Projektidee bis zum Projektabschluss. In all diesen Stationen arbeiten Menschen zusammen. Dabei müssen sie miteinander reden und miteinander handeln.

Soft Skills überall

Während des ganzen Projektes ist nicht nur Ihre fachliche und methodische Kompetenz als Projektleiter gefragt, sondern vor allem auch Ihre Soft Skills. Das beginnt mit Präsentationen und endet mit der Klärung von Konflikten. Abbildung 1 zeigt, bei welchen Tätigkeiten Sie welche Soft Skills benötigen.

Soft Skill \ Projektaufgabe	Präsentieren	Gespräche führen	Verhandeln	Teammanagement	Besprechungen	Moderieren	Teams führen	Konflikte klären	Networking
Kommunikation	⬤	⬤	⬤	●	⬤	⬤	●	⬤	⬤
Kooperation		●	⬤	●	●	•	●	●	•
Einfühlungsvermögen	•	⬤	●	●	•	●	●	●	•
Integrationsfähigkeit			●	●	⬤	●	⬤	●	•
Teamfähigkeit				⬤		⬤	●	•	
Motivation	•	•		•	•	●	⬤	•	•
Kontaktfreudigkeit	●	⬤	●	●	•	•	•	•	⬤
Konfliktfähigkeit		•	⬤	●	●	●	●	⬤	

Legende: ⬤ sehr wichtig ● wichtig • weniger wichtig

Abbildung 1: Kommunikation ist die Fähigkeit, die der Projektleiter bei allen Tätigkeiten benötigt

Präsentieren

Präsentationen werden eingesetzt, um das Projekt darzustellen. Dies ist in allen Projektphasen immer wieder notwendig, um die Beteiligten über das Projekt zu informieren. In der Angebotsphase verkaufen Sie Ihr Projekt durch eine gute Präsentation. Sie müssen dem Auftraggeber zeigen, dass Ihre Lösung genau die richtige ist und Sie als Projektleiter mit Ihrem Team die kompetenten Partner sind, die diese Lösung zeitgerecht und kostengünstig umsetzen können. Eine gute Lösung zu haben und ein hervorragendes Team zu sein, ist die eine Seite der Medaille. Auf der anderen Seite muss der Auftraggeber Sie und Ihr Team als kompetent und leistungsfähig wahrnehmen.

Gespräche führen

Wenn Sie Ihren Terminkalender durchsehen, werden Sie feststellen, dass Sie während des Projektes mit vielen Menschen über das Projekt sprechen, mit dem Auftraggeber, mit Ihrem Chef, Ihren Mitarbeitern, Zulieferern und vielen anderen mehr. Wahrscheinlich können Sie keines der Gespräche weglassen, denn jedes Gespräch ist notwendig, um Ihr Projekt weiterzubringen. Bei diesen Gesprächen sind zwei Faktoren wichtig: Zeit und Qualität. Aus diesem Grunde müssen sie sehr strukturiert und zielgerichtet geführt werden, und Sie müssen verbindlich und belastbar sein. Durch die Art der Gesprächsführung erreichen Sie, dass der Gesprächspartner die vereinbarten Sachverhalte nicht nur versteht, sondern auch akzeptiert und nach dem Gespräch umsetzt.

Verhandeln

Projektmanagement ist vor allem auch Verhandlungsmanagement. Da jedes Projekt einmalig ist, gibt es meist nur wenige festgelegte Regeln und Strukturen. Angefangen vom Projektauftrag über die Verhandlungen mit Zulieferern und Unterauftragnehmern bis hin zu Verhandlungen mit Mitarbeitern und Betriebsräten ist der Projekterfolg davon abhängig, ob es gelingt, Lösungen für unterschiedliche, teilweise widersprechende Interessen zu finden. Hinter der oft geforderten Kompetenz „Verhandlungsgeschick“ verbirgt sich die Fähigkeit, hart in der Sache zu bleiben, aber dabei fair zum Verhandlungspartner zu sein. Durch eine gute Gesprächsebene finden Sie gemeinsam mit Ihrem Partner eine Lösung, die für beide Seiten akzeptabel ist.

Teams entwickeln

Teams sind die tragende Säule bei der Realisierung von Projekten. Teams erarbeiten Ideenstudien, Konzepte und Pläne und setzen diese um. Gerade dann, wenn Arbeitsabläufe und Strukturen sehr flexibel sein müssen, sind Teams die ideale Arbeitsform. Teamarbeit hat ihre eigenen Muster und Regeln. Diese lassen sich Teams nicht überstülpen, sondern sie brauchen Gelegenheit, diese selbst zu finden und zu vereinbaren. Ein Projektleiter muss diese Gesetzmäßigkeiten nicht nur kennen, sondern auch gestalten können.

Meetings und Workshops leiten

Viele empfinden Meetings und Workshops als Zeitverschwendung. Gemessen an den Ergebnissen ist die eingesetzte Zeit zu kostbar. Aber: Ohne Meetings und Workshops sind Projekte nicht zu managen. Projekte sind keine Fließbandproduktionen, bei denen jedes Projektmitglied von Anfang an weiß, welcher Handgriff an welcher Stelle erforderlich ist. Projekte zeichnen sich dadurch aus, dass sie immer wieder neu sind. Das bedeutet: Viele Arbeiten müssen gemeinsam geplant, koordiniert und abgestimmt werden. Meetings und Workshops sind Arbeitsinstrumente, die gerade dies möglich machen. Projektplanungstools wie „Microsoft Projekt" sind gute Instrumente, um die Planung zu dokumentieren, sichtbar zu machen und kritische Punkte zu erkennen. Sie nehmen dem Projektleiter aber nicht die Arbeit ab, die Aktivitäten des Projektes mit den Menschen, die sie durchführen müssen, zu besprechen. Richtig angewendet sind Meetings und Workshops effiziente Instrumente für die Kommunikation im Projekt.

Mitarbeiter fachlich führen

Die Einführung des Projektmanagements hat mit dem Projektleiter auch eine völlig neue Qualität von Führung hervorgebracht: die Teamführung. Sie unterscheidet sich von der Führung einer Abteilung in vielen Aspekten. Projektleiter sind oft nicht die disziplinarischen Vorgesetzten. Sie führen die Mitglieder des Projektteams fachlich. Das bedeutet vor allem, das Projektteam als Ganzes und die Mitglieder als Individuen für das Projekt zu motivieren.

Konflikte lösen

Ein Projekt ohne einen oder mehrere Konflikte habe ich noch nicht erlebt. Sie sind wie ein Gewitter. Bedrohlich, aber sie reinigen die Luft. Konflikte entstehen dann, wenn es im Projekt unterschiedliche Interessen gibt. Wenn der Auftraggeber plötzlich völlig neue Anforderungen hat, die aber im Projektplan nicht mehr untergebracht werden können. Wenn man feststellt, dass eine Abteilung, die ein wichtiges Teilergebnis verantwortet, plötzlich ihre Prioritäten ändert. Wenn im Team zwei Mitarbeiter nicht miteinander, sondern gegeneinander arbeiteten. Wenn ... – Diese Aufzählung lässt sich ohne Mühe fortsetzen. Wie viele Konflikte mussten Sie schon in Ihren Projekten bewältigen? Zwei, zehn, hundert oder mehr? Für all diese Konflikte gab es immer eine Lösung. Nicht immer die ideale. Aber immer eine, mit der es möglich war, das Projekt besser fortzusetzen, als wenn der Konflikt länger geschwelt hätte. Je früher ein Konflikt auf dem Tisch ist, umso leichter kann er geklärt werden. Als Projektleiter sorgen Sie dafür, dass er früh erkannt und ausgetragen wird.

2. Die Projektpräsentation: Der große Auftritt wird inszeniert

Das Podium ist eine unbarmherzige Sache. Da steht der Mensch nackter als im Sonnenbad.

Kurt Tucholsky, 1890–1935,
deutscher Schriftsteller

Kennen Sie diese gemischten Gefühle? Sie sind einerseits froh und stolz, und gleichzeitig haben Sie ein großes Unbehagen im Bauch. Der Grund dafür könnte ungefähr so aussehen: Seit langem versucht Ihr Unternehmen, einen Auftrag bei einem wichtigen Kunden zu gewinnen. Und jetzt stehen Sie fast vor dem Ziel. Ihr Chef hat Ihnen gerade folgende E-Mail vorgelesen:

Wir haben Ihr Angebot geprüft und freuen uns, Ihnen mitteilen zu können, dass Sie mit zwei anderen Projektvorschlägen in die engere Auswahl gekommen sind. Wir bitten Sie, unserem Vorstand Ihren Vorschlag zu präsentieren. Dazu schlagen wir einen Termin innerhalb der nächsten 14 Tage vor.

Das Projekt verkaufen

Die erste Hürde ist damit also geschafft. Jetzt richten sich alle Augen auf Sie. Das Unternehmen verbindet viele Hoffnungen mit dem Auftrag. Es wäre ein guter Einstieg bei dem neuen Kunden. Ihr Chef würde damit ein für die Auslastung der Abteilung wichtiges Projekt gewinnen. Viele Mitarbeiter könnten mit diesem Projekt motiviert werden, da sie neue und interessante Aufgaben übernehmen könnten. Und was ist für Sie drin? Sie würden Projektleiter in einer höheren Projektkategorie. Und das bedeutet in Ihrem Unternehmen mit Sicherheit einen Karrieresprung.

Aber gleichzeitig haben Sie, wie vor jeder Präsentation – ja, jetzt erst recht –, ein schwummriges Gefühl im Magen. Sie fragen sich:

- Wird es mir gelingen, dem Vorstand die richtigen Inhalte im treffenden Ton zu vermitteln?
- Welche Argumentationslogik kann den Vorstand von unserem Vorschlag überzeugen?
- Mit welcher Story kann ich das Projekt verkaufen?
- Wie kann ich verhindern, dass ich mein übliches Lampenfieber bekomme?
- Und wie bekomme ich die vielen Details in den Griff, damit ja nichts schief geht?

Projekte müssen „verkauft" werden

Lösungen verkaufen

Der Projektleiter hat eine der Schlüsselfunktionen in der Beziehung zum Auftraggeber. Er repräsentiert das Projekt fachlich und ist damit auch immer dann gefragt, wenn dieses beim Kunden vorgestellt und verkauft werden soll. Im Projektgeschäft werden aber keine Produkte verkauft, sondern Lösungen. Den Unterschied demonstrierte für mich einmal ein Referent in einem Vortrag sehr deutlich:

Er brachte eine Bohrmaschine mit und ein Bild mit einem Bilderhaken. Er fragte die Teilnehmer: „Sie möchten das Bild hier im Seminarraum aufhängen. Würden Sie hierzu die Bohrmaschine kaufen?" Dabei hielt er die Bohrmaschine anpreisend in die Luft. Ein Teilnehmer sagte spontan, er würde den Referenten bitten, ihm das Loch mit seiner Bohrmaschine zu bohren. Das wäre bestimmt billiger.

Das Beispiel macht mir Folgendes deutlich: Im Projektgeschäft verkaufen wir nicht die Bohrmaschine, sondern das Loch in der Wand. Es werden Lösungen verkauft, die dem Kunden kompetent erklärt werden müssen. Und da es sich um immer neue Lösungen handelt, müssen sie von demjenigen erklärt werden, der diese Lösungen entwickelt. Das ist der Projektleiter. Er ist durch seine Sachkenntnis derjenige, der dem Kunden am besten erklären kann, was für ihn die optimale Lösung sein könnte.

Immer wieder präsentieren

In den 1970er- und 1980er-Jahren hat sich – vor allem im Umfeld von Verkaufstrainings – die Präsentation zu einem der wichtigsten Kommunikationsmittel entwickelt. Im Projektalltag ist sie das Instrument, mit dem der Projektleiter den unterschiedlichen Anspruchsgruppen das Projekt erklärt und für das Projekt wirbt. Man spricht zu Recht davon, dass der Projektleiter sein Projekt „verkaufen" muss. Präsentationen erfüllen vor allem die folgenden drei Funktionen:

- In der Vorphase von Projekten wird mit Präsentationen für das Projekt geworben.
- Während des Projektverlaufs wird mit ihnen der Fortschritt des Projekts dargestellt.
- Während der Umsetzung sind sie schließlich eine wichtiges Instrument für die Information und Schulung derjenigen, die das Ergebnis des Projektes nutzen sollen.

Die Präsentation muss dem Zuhörer gefallen, nicht dem Referenten

Niemand wird von sich behaupten, dass er nach einer Präsentation alle gezeigten Folien behalten hat. Meist sind es nur drei oder vier Charts, die im Gedächtnis bleiben. Die Kunst des Referenten ist es, die Präsentation so zu gestalten, dass die Charts mit den Kernbotschaften beim Zuhörer hängen bleiben. Denn in einer Präsentation werden nicht nur Zahlen, Daten und Fakten vermittelt, sondern vor allem auch eine Botschaft.

Präsentationen sind eine eigenständige Form der Kommunikation, bei der die bildhafte Darstellung (die Visualisierung) und die sprachliche Erklärung (der Vortrag) zu einer Einheit verschmelzen. Eine Präsentation ist gelungen, wenn Wort und Bild sich gegenseitig ergänzen und sich dadurch die Verständlichkeit für die Teilnehmer um ein Vielfaches erhöht.

Inhalt und Form

Empirische Untersuchungen haben ergeben, dass die Wirkung von Präsentationen nur zu 7 Prozent auf dem Inhalt beruht. Dies zeigt, dass die Wirkung ganz entscheidend von der Art und Weise abhängt, wie der Inhalt vermittelt wird. Eine professionelle Präsentation verlangt deshalb vom Projektleiter, dass er sich auf die Zielgruppe einstellt, sein Anliegen verständlich darstellen kann und auf Fragen kompetente Antworten hat. Er muss rhetorische Fähigkeiten besitzen, visualisieren können und die Präsentationsmedien souverän beherrschen.

Professionell präsentieren

Professionell präsentieren heißt nicht, seine Präsentation mit visuellen Effekten zu überfrachten, sondern seine Fachexpertise mit Präsentationstechniken optimal zu unterstützen. Schließlich entscheiden Präsentationen oft darüber, ob ein Auftrag überhaupt akquiriert oder ein Projekt fortgeführt werden kann. Es steht also einiges auf dem Spiel.

Eine Präsentation als solche ist nie gut oder schlecht. Sie ist vielmehr entweder angemessen oder geht an den Bedürfnissen der Zuhörer vorbei. Dabei kann auch eine technisch perfekt gestaltete Präsentation die Interessen und Bedürfnisse der Zuhörer verfehlen, während andererseits eine sehr spontane, improvisierte Präsentation genau das Richtige sein kann. Bei der Präsentation steht immer der Zuhörer, der Adressat der Präsentation, im Vordergrund. Der Projektleiter darf sich beim Präsentieren also nicht dazu verleiten lassen, die Darstellung des Projektes allein aus seiner fachlichen Logik heraus abzuleiten. Er muss sich vielmehr in die Logik und Denkweise der Zuhörer hineinversetzen.

Wort und Bild: zwei Seiten einer Botschaft

Unbewusste Informationsaufnahme

Mit Ihrer Präsentation wollen Sie die Aufmerksamkeit der Zuhörer gewinnen. Diese sollen sich vollkommen auf das Thema einstellen, das Sie präsentieren. Dabei spielen Bilder und emotionale Effekte eine wesentliche Rolle. Der Grund dafür liegt im Aufbau unseres Gehirns: Das Gehirn hat zwei unterschiedlich arbeitende Bereiche – die linke Gehirnhälfte, die hauptsächlich für das Logische und Sprachliche, und die rechte Gehirnhälfte, die hauptsächlich für das Bildhafte und Emotionale zuständig ist. Beide Gehirnhälften nehmen Informationen unabhängig voneinander auf, und beide können auch unabhängig voneinander arbeiten. Gedächtniskünstler nutzen diese Fähigkeit, um sich Begriffe zu merken. Sie speichern für jeden Begriff ein Bild und dazu ein Bild für eine Zahl. Die rechte Gehirnhälfte behält dann die Doppelbilder.

Linke und rechte Gehirnhälfte

Jede der Gehirnhälften erfüllt eine eigenständige Funktion: Die linke Gehirnhälfte denkt in Worten. Dabei geht sie linear vor. Jeder Gedanke wird Schritt für Schritt abgearbeitet. Sie analysiert Dinge und denkt wissenschaftlich, indem sie Gesetzmäßigkeiten erkennt, Regeln ableitet und Modelle entwickelt. Sie gibt jedem Ding in der Realität einen Namen. Damit klassifiziert sie die Welt. Die linke Gehirnhälfte arbeitet exakt, detailliert und konzentriert, und alle Denkoperationen sind voraussagbar. Sie ist für Planung und Kontrolle zuständig. Mit ihr definieren wir Ziele und Kriterien, die mit harten Fakten überprüft werden. In der linken Gehirnhälfte befindet sich zudem das Sprachzentrum.

Die rechte Gehirnhälfte kann wortlos denken. Ihr Denken ist sprunghaft. Während eines Gedankens kann blitzartig ein ganz anderer Gedanke auftauchen. Sie denkt in Bildern. Sie vergleicht und erstellt Analogien. Sie erfasst die Welt ganzheitlich und speichert sie in Bildern ab. Details habe nur eine Bedeutung, wenn sie einen Platz im Ganzen haben. Die rechte Gehirnhälfte ist spontan und intuitiv. Sie ist für die Wahrnehmungen und Vorstellungen von Objekten im Raum zuständig. Sie nimmt den Körper wahr und kann dessen Gefühle deuten. Mit der rechten Gehirnhälfte erkennen wir die Mimik, Gestik und Haltung von Menschen. Mit ihr registrieren wir auch den Tonfall, den Sprachrhythmus und die Dynamik beim Sprechen. Mit ihr schreiben wir Gedichte, komponieren Musik oder malen Bilder.

Beide Gehirnhälften ansprechen

Sprechen Sie bei der Präsentation nur eine Gehirnhälfte an, so kann sich die andere Gehirnhälfte gleichzeitig mit etwas anderem beschäftigen. Nur wenn beide Gehirnhälften immer mit kongruenten Informationen versorgt werden, wird sich der Zuhörer in der Präsentation voll auf die Inhalte einstellen. Dadurch werden Aufnahmefähigkeit und Gedächtnisleistung der Teilnehmer wesentlich erhöht.

Die Bilder in einer Präsentation dürfen nicht im Widerspruch zum gesprochenen Wort stehen. Sie müssen dieses ergänzen. Andernfalls kommt es zu so genannten Interferenzen zwischen Bild und Text. Die Folge davon ist, dass weder der Text noch das Bild im Gedächtnis bleiben. Präsentationen sind dann wirkungsvoll, wenn sie die sprachlich-logische Darstellung mit der bildhaften Darstellung verbinden.

Eine gute Story hilft, die Teilnehmer zu überzeugen

Elemente der Präsentation

Geschichten waren von jeher ein Mittel, um Ideen und Botschaften zu vermitteln: Märchen und Gute-Nacht-Geschichten für Kinder; die großen Heldensagen wie die Odyssee, die Nibelungen oder Don Quichotte für Erwachsene. Geschichten verbinden in idealer Weise Sachinhalte mit emotional nachvollziehbaren Erlebnissen. Die Story einer Präsentation besteht aus vier Kommunikationsmitteln.

Key-Message und Key-Words

Der Kern der Präsentation ist deren kommunikative Botschaft, die Key-Message. Sie vermittelt den Zuhörern Ihr Anliegen. Sie bildet damit den Dreh- und Angelpunkt der gesamten Präsentation und ist für die Teilnehmer der rote Faden, um den sich alle anderen Informationen gruppieren. Sie ist eine knapp formulierte Aussage, die das Wesentliche auf den Punkt bringt. Oft lässt sie sich in Form eines Slogans ausdrücken. Am wirkungsvollsten ist die Key-Message, wenn sie sich auf den emotionalen Gehalt des Themas oder dessen Besonderheit bezieht. Dabei muss sie etwas für die Zielgruppe Wünschenswertes oder Interessantes aussagen und den Nutzen der Präsentation für die Teilnehmer verdeutlichen.

Jede Gruppe, jedes Unternehmen benutzt eigene Wörter, um bestimmte Sachverhalte auszudrücken – dies sind die Key-Words des Unternehmens. Damit werden bestimmte Bilder, Vorstellungen und Kontexte verbunden. Besonders bei einer Präsentation vor einem Kunden spielt das eine große Rolle. Im Wortschatz des Kunden spiegelt sich dessen Identität wider. Ein Projekt wird immer für einen Auftraggeber realisiert. Er muss deutlich merken, dass es *sein* Projekt und das Ergebnis *sein* Produkt ist. Dies erreichen Sie dadurch, dass Sie die Worte des Kunden benutzen. Damit fühlt sich der Kunde von Anfang an verstanden, und außerdem signalisieren Sie ihm: „Ich kenne, verstehe und teile Ihre Welt.“ Internetseiten und Firmenbroschüren sind leicht zugängliche Quellen, um Key-Words herauszufinden.

Key-Visuals

Bilder übermitteln auch ohne Sprache Botschaften. Dazu werden Key-Visuals benutzt, oft in Form so genannter Cliparts. Inzwischen werden immer häufiger Fotos verwendet, um die kommunikative Botschaft zu unterstützen. Key-Visuals können Analogien, Metaphern oder typische Situationen ausdrücken, die mit dem Thema der Präsentation zusammenhängen. Bei der Auswahl des oder der Key-Visuals sollte immer überlegt werden, welche Assoziationen die Teilnehmer der Präsentation damit verbinden und was das Bild bei ihnen auslöst.

Kommunikationsstory

Mit der Kommunikationsstory werden die Inhalte der Präsentation transportiert. Geschichten machen einen Sachverhalt anschaulich, indem sie eine Analogie zum Thema herstellen. Durch eine Geschichte werden die Zusammenhänge und Kernbotschaften des Inhalts für die Teilnehmer besser verständlich, da sie ein Bindeglied darstellt, mit dem die neuen Inhalte in eine für die Teilnehmer bekannte Struktur gebracht werden. In der Kommunikationsstory wird eine Analogie zwischen etwas bereits Bekanntem und dem neuen Thema aufgebaut. Fragen Sie sich: „Mit welchen Ereignissen des normalen Lebens lässt sich das Projekt vergleichen? Mit einem Fußballteam? Mit einem Orchester? Mit einer Erkundung in unbekanntem Gelände? Mit einer Maschine?“ In der Präsentation kann man dann eine Geschichte dazu erzählen und immer wieder Bezug darauf nehmen.

Visuelles Konzept: grafische Gestaltungselemente für eine ansprechende Präsentation

Ein Bild sagt mehr als tausend Worte, lautet ein Sprichwort. Aber viele Bilder, vor allem dann, wenn sie unterschiedlich gestaltet sind, verwirren den Zuhörer. Bilder unterstützen eine Präsentation nur dann, wenn sie dem Zuhörer helfen, den Inhalt besser zu verstehen und zu behalten. Die grafische Gestaltung einer Präsentation beginnt mit der Festlegung der grafischen Elemente, die für die Zielgruppe und den Inhalt geeignet sind. Dazu wird für die Präsentation ein visuelles Konzept entwickelt.

Das visuelle Konzept legt die Elemente für eine einheitliche Gestaltung der Präsentation fest. Damit erhält sie einen einheitlichen Stil. Trotz aller gewollten Unterschiede in der Gestaltung der einzelnen Folien entsteht dadurch für den Zuhörer ein Gesamteindruck.

Vier Elemente des visuellen Konzepts

Im visuellen Konzept werden folgende Elemente beschrieben:

- Das Erkennungszeichen: Es wird auf jeder Folie wiederholt. Es signalisiert den Teilnehmern: Diese Präsentation ist nur für uns erstellt! Man kann ein eigens gestaltetes Logo oder das Logo des Auftraggebers verwenden.
- Der Hintergrund: Er gibt der Präsentation eine Grundstimmung. Das Thema der Präsentation und der Stil des Hintergrundes müssen übereinstimmen.
- Die Schrift: Mit der Größe und dem Stil der Schrift wird der Inhalt gegliedert. Der Zuhörer erkennt an der Art der Schrift sofort, welche Bedeutung der Inhalt hat.
- Die grafischen Hilfsmittel: Das sind zum Beispiel Kreise, Pfeile, Linien. Sie geben der Präsentation die Struktur und helfen dem Zuhörer sich zu orientieren. Dazu sollten sie immer mit der gleichen oder zumindest einer ähnlichen Bedeutung verwendet werden.

Die Präsentation strukturieren

Mit den Elementen des visuellen Konzeptes geben Sie der Präsentation eine unsichtbare Struktur. Sie erleichtern dem Zuhörer, die Inhalte zu bewerten und bereits bekannten Sachverhalten zuzuordnen. Visuelle Konzepte werden nicht für jede Präsentation von Grund auf neu erstellt. Viele Unternehmen haben für Präsentationen ein grundlegendes visuelles Konzept entwickelt.

Diese Idee können Sie auch auf Ihr Projekt übertragen. Mit einem visuellen Konzept für Ihr Projekt erreichen Sie, dass alle Präsentationen ein gleiches Erscheinungsbild haben. Sie erleichtern damit gleichzeitig auch allen, die eine Präsentation erstellen müssen, die Arbeit und stellen sicher, dass das Projekt ein unverwechselbares visuelles Erscheinungsbild hat.

Der rote Faden ist die unsichtbare Struktur der Präsentation

Dramaturgie bestimmt die Wirkung

Jede Präsentation ist eine kleine Inszenierung. Sie braucht eine Dramaturgie, wenn sie wirken soll. Mit der Dramaturgie führen Sie die Zuhörer emotional durch die Präsentationen. Sie erzeugt Spannung und packt den Zuhörer bei den Emotionen. Wie in einem guten Film oder Theaterstück machen Sie die Zuhörer neugierig. Neugierig auf Ihre Kernbotschaft.

Die Zuhörer müssen durch die Gestaltung der Präsentation systematisch zum Höhepunkt hingeführt werden: die Stelle in der Präsentation, an der die Kernbotschaft vermittelt wird. Das garantiert, dass die Zuhörer zu diesem entscheidenden Zeitpunkt am aufmerksamsten sind.

Für Themen, bei denen überwiegend Sachverhalte vermittelt werden, ist es oft schwierig, einen eindeutigen Höhepunkt zu finden. Hier müssen Sie einen „künstlichen" Höhepunkt einbauen, damit die Präsentation als Erlebnis empfunden wird. Damit wird durch die Art der Präsentation ein spezifischer Aspekt hervorgehoben. Dieser bleibt den Teilnehmern besonders stark im Gedächtnis haften.

Sechs Schritte der Präsentation

Die Teilnehmer müssen Schritt für Schritt durch das Thema geführt werden, damit sie den Inhalt nachvollziehen können. Dazu hat es sich bewährt, eine Präsentation immer in sechs Prozessschritte zu gliedern. Zusammen bilden sie den roten Faden.

Schritt 1: Aufmerksamkeit herstellen

Die Präsentation ist ein Teil des Arbeitsalltags der Teilnehmer. Vor der Präsentation haben sie vielleicht ihre E-Mails bearbeitet oder waren in einer Besprechung. Sie sind möglicherweise von einem anderen Ort zur Präsentation angereist. Auch nach der Präsentation geht für die Teilnehmer der Arbeitsalltag weiter. Sie haben eventuell ein wichtiges Gespräch zu führen oder ein schwieriges Problem zu lösen. Sie sind zwar physisch im Raum, aber mit dem Kopf und dem Herz meist noch woanders.

Blickkontakt herstellen

Der erste Schritt ist deshalb immer, die Teilnehmer dahin zu bringen, dass sie sich auf die Präsentation konzentrieren. Wichtig ist in dieser Phase, einen Blickkontakt zu den Zuhörern aufzunehmen und ihnen damit zu zeigen, dass sie im Mittelpunkt Ihrer Aufmerksamkeit stehen. Das heißt konkret: Sie schauen jeden Teilnehmer vor dem ersten Wort kurz an. Bei größeren Teilnehmerkreisen erreichen Sie diesen Effekt dadurch, dass Sie zuerst in die linke hintere und dann in die rechte hintere Ecke sehen.

Anfang finden

Dann müssen Sie die Aufmerksamkeit für das Thema herstellen. Dafür gibt es entweder die Vorspann- oder die Aufhängertechnik. Der Vorspann ist ein atmosphärischer Eisbrecher. Mit ihm werden die Teilnehmer in die Vorgeschichte der Präsentation einbezogen. Im Vorspann erläutern Sie, wie die Präsentation zustande kam und wer die Präsentation durchführt. Zum Vorspann gehört auch Ihre Vorstellung. Sie dient nicht nur dazu, sich den Teilnehmern bekannt zu machen, sondern auch dazu, dass sich die Teilnehmer an Ihre Stimme gewöhnen und sich langsam den Inhalten der Präsentation zuwenden können. Falls Sie den Teilnehmern bekannt sind, können Sie etwas über Ihre aktuelle Aufgabe, die im Zusammenhang mit dem Projekt steht, erzählen. Sie können auf die Teilnehmer und den Veranstalter kurz eingehen oder schildern, wie es zur Präsentation kam.

Der Aufhänger dagegen stellt schlaglichtartig eine Situation dar oder beleuchtet das zu behandelnde Problem. Typische Aufhänger sind humorvolle Zitate wie zum Beispiel: „Das Gras wächst nicht schneller, wenn man daran zieht." Dieses Zitat könnten Sie etwa benutzen, wenn Sie einem Lenkungsausschuss die Verzögerung des Projektes erklären müssen.

Schritt 2: Orientierung geben

In der Orientierungsphase verfolgen Sie gleich mehrere Ziele:

- Ziel der Präsentation darstellen
- Vorstellung und Ihren Bezug zum Thema erläutern

- Organisatorisches (Zeit, Pausen, Handouts, Getränke) erklären
- Roten Faden oder die Agenda aufzeigen
- Regelung für den Umgang mit Zwischenfragen vorschlagen
- Überleiten zum Hauptteil

Zur Orientierung gehört vor allem die Vorstellung der Präsentation. Es empfiehlt sich, ein Flipchart anzufertigen, auf dem der Ablauf der Präsentation visualisiert ist. Dieses Flipchart kann den Teilnehmern in weiterer Folge als Orientierungshilfe dienen, an welcher Stelle der Präsentation Sie sich befinden.

Organisation klären

Zum Abschluss der Orientierungsphase kann der Referent die Teilnehmer fragen, ob es aus ihrer Sicht noch Dinge gibt, die vor dem Hauptteil geklärt werden sollten. Dies kann Teilnehmern unter Umständen die Möglichkeit geben, zu sagen, dass sie früher gehen müssen oder der Raum zu dunkel bzw. zu hell ist oder sie vielleicht die Visualisierungen nicht sehen können etc.

Schritt 3: Informieren und faszinieren

Das Thema sollte immer in seiner sachlogischen Reihenfolge dargestellt werden. Dazu muss die Argumentationsfolge so aufgebaut sein, dass die Teilnehmer gut folgen können. Wichtige Aspekte müssen wiederholt werden, damit sie haften bleiben. Bei längeren Präsentationen empfiehlt es sich, immer wieder Zusammenfassungen einzuschieben. Dies erleichtert den Teilnehmern die Orientierung. In diesem Schritt wird die Botschaft vermittelt. Diese muss für den Zuhörer nachvollziehbar sein, sich quasi aus dem Gesagten logisch ergeben. Bei Projektpräsentationen haben sich die folgenden Strukturen bewährt.

Nutzenargumentation

Die Nutzenargumentation stellt den Nutzen des Projektes in den Vordergrund. Sie ist immer dann hilfreich, wenn man die Zielgruppe von einem Projekt überzeugen will. Zunächst wird das Problem dargestellt, dann werden Vorschläge für die Lösung des Problems gemacht und zum Abschluss die Kosten und der Nutzen der Problemlösung aufgezeigt.

Bei der Präsentation des Projektes vor einem Vorstand heißt dies etwa: Man beginnt mit der Darstellung des Problems aus der Sicht des Vorstandes. Dann zeigt man auf, wie durch den Projektvorschlag das Problem gelöst wird. Dazu gehört zum einen die fachliche Lösung, dann aber auch eine Übersicht über den Verlauf des Projektes mit den wichtigen Meilensteinen. Zum Abschluss wird der Nutzen für den Vorstand aufgezeigt, und die Kosten des Projektes werden dargestellt.

Problemlösung

Die Argumentation für eine Problemlösung stellt eine Lösung für ein spezifisches Problem in den Vordergrund. Sie ist dann hilfreich, wenn Sie eine Entscheidung vom Auftraggeber oder dem Lenkungsausschuss brauchen. Die Argumentation beginnt mit der Beschreibung der Ist-Situation, die möglichst objektiv dargestellt wird. Danach werden die Ursachen für die Situation aufgezeigt. Im nächsten Schritt wird dann dargestellt, wie die Situation nach der Problemlösung sein soll. Dann wird gezeigt, mit welchen Maßnahmen das Problem gelöst wird. Die Argumentation schließt damit, dass die von den Teilnehmern zu treffende Entscheidung klar dargestellt wird.

W-Fragen-Argumentation

Die W-Fragen-Argumentation orientiert sich an den Fragewörtern „Warum?“, „Was?“, „Wann?“, „Wer?“ und „Wie?“. Sie wird genutzt, um sachlich über das Projekt zu informieren. Mit der Antwort auf die Frage „Warum?“ wird der Grund für das Projekt erläutert. Mit der Antwort auf die Frage „Was?“ wird der Inhalt des Projektes erklärt. Hinter der Antwort auf die Frage „Wann?“ verbergen sich der Projektplan und die Meilensteine. Die Antwort auf die Frage „Wer?“ ist dann die Darstellung des Projektteams mit seinen Funktionen, und die Antwort auf die Frage „Wie?“ beschreibt schließlich, mit welcher Methode oder Verfahren das Projekt realisiert wird.

Auflockernde Elemente

Die Argumentationsfolge sollte durch auflockernde und erläuternde Elemente unterstützt werden, etwa durch Vergleiche, Zitate und Fallbeispiele, Humor und zweiseitiges Argumentieren: Die Präsentation wirkt objektiver, wenn nicht nur die Vorteile genannt werden, sondern auch die Nachteile.

Schritt 4: Verständnis absichern

Kernaussagen zusammenfassen

Am Ende der Darstellung des Themas sollten Sie dessen Inhalt noch einmal kurz zusammenfassen und die wichtigen Aussagen besonders hervorheben. Dadurch werden die Teilnehmer an die Kernaussagen erinnert und die vorgetragenen Hauptgedanken verstärkt. So rücken Sie bei den Teilnehmern die Punkte in den Vordergrund, die Ihnen besonders wichtig sind. Diese bleiben dann für die anschließende Diskussion im Gedächtnis der Teilnehmer. Bei einer Verkaufspräsentation vor dem Vorstand eines Unternehmens sind es die Argumente, die den Vorteil Ihrer Lösung unterstreichen.

An dieser Stelle müssen die Teilnehmer auch Gelegenheit haben, Verständnisfragen zu stellen. Dies ist aber noch nicht der Übergang zur Diskussion. Dieser Abschnitt kann durch Fragen wie „Haben Sie noch Verständnisfragen zum Thema?“ oder „Kann ich noch etwas erläutern?“ eingeleitet werden. Solche Fragen nehmen die Teilnehmer mit ihren Bedürfnissen ernst.

Schritt 5: Herausforderungen formulieren

Der Appell an die Zuhörer muss klar formuliert sein, damit diese ganz konkret wissen, was von ihnen erwartet wird.

Beispiele für solche Appelle sind:

- Positive Kaufentscheidung
- Inhalte weiterkommunizieren
- Mit dem Produkt arbeiten
- Projekt wie vorgeschlagen fortführen
- Problem mit vorgeschlagenen Alternativen lösen

Schritt 6: Abschluss inszenieren

Abschluss bewusst gestalten

So wie der Prozessschritt „Orientierung geben“ auf die Präsentation einstimmt, leitet der bewusste Abschluss zu den anderen Aktivitäten über, welche die Teilnehmer nach der Präsentation durchführen müssen. Ein bewusster Abschluss soll auch verhindern, dass die Teilnehmer ungelöste Fragen, Probleme oder Unwohlsein mitnehmen.

Der Abschluss sollte deutlich markiert sein. Dies kann man tun, indem man sagt, dass dies der Schluss der Präsentation sei, und ein entsprechendes Abschlusschart zeigt oder ein originelles Schlusswort findet und dann zur Diskussion überleitet.

Visuelle Struktur: durch grafische Elemente die Gliederung der Präsentation unterstützen

Bei einer Präsentation widmen die Teilnehmer Ihnen ihre Zeit. In dieser Zeit könnten sie auch andere Dinge tun. Durch ihre Anwesenheit signalisieren Sie Ihnen daher: Wir haben Interesse! Nutzen Sie diese Chance. Die Präsentation muss am Interesse der Teilnehmer anknüpfen und davon ausgehend die Teilnehmer zu einer neuen Erkenntnis führen.

Ein wesentliches Element für die Gestaltung der Dramaturgie ist die Verteilung und grafische Gestaltung der Folien. Die Folien, die für den Höhepunkt der Präsentation vorgesehen sind, werden am aufwendigsten gestaltet. Ein Nebenthema, das mit vielen und aufwendigen Folien gestaltet wird, löst unbeabsichtigte Assoziationen aus und lenkt vom Höhepunkt ab.

Mit der Argumentationsreihenfolge haben Sie die Struktur der Präsentation logisch gegliedert. Das Pendant dazu ist die visuelle Struktur. Beide zusammen bilden eine Einheit.

Die visuelle Struktur gliedert sowohl den Aufbau der Präsentation und die Struktur jeder einzelnen Folie: der Titelfolie, der Folien für die Gliederung der Unterpunkte und die Folien für die Darstellung der Inhalte.

Jede Folie bekommt dadurch eine sich wiederholende gleiche Struktur und ist so ein wichtiges Orientierungselement für die Teilnehmer. Ein Beispiel für eine visuelle Struktur ist in der Abbildung 2 dargestellt.

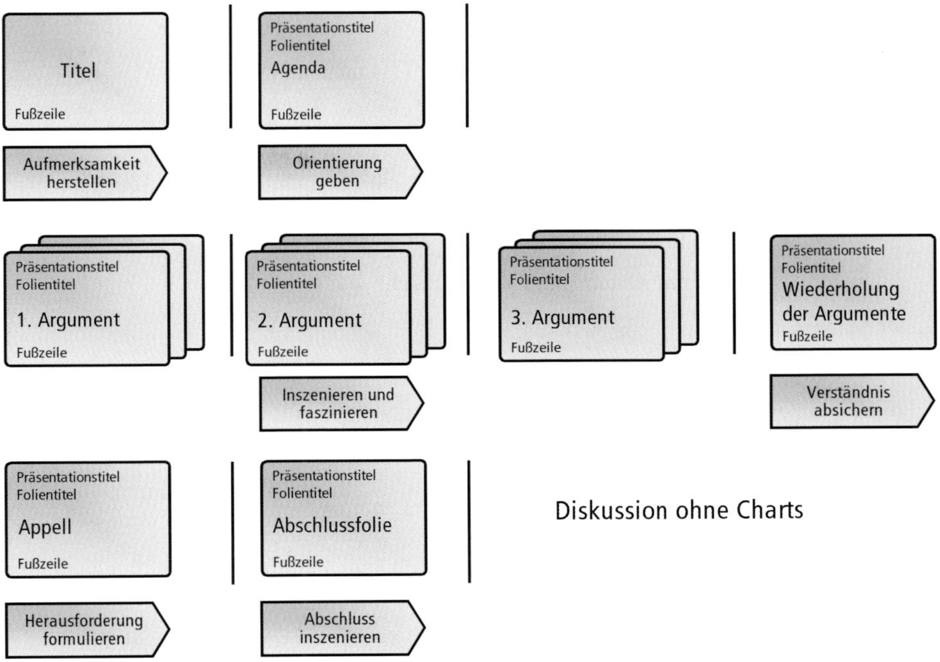

Abbildung 2: Die visuelle Struktur ist ein Hilfsmittel zur Gliederung der Präsentation

Aufbau und Struktur von Charts

Die Präsentation beginnt immer mit einer Titelfolie. Sie enthält den Titel der Präsentation, den Anlass, das Datum und den Namen des Referenten. Der Hintergrund der Titelfolie hat eine besondere Bedeutung. Er stimmt die Teilnehmer auf das Thema ein. Die zweite Folie enthält immer die Gliederung oder das Inhaltsverzeichnis der Präsentation. Sie gibt den Teilnehmern eine Orientierung darüber, was sie in der Präsentation erwartet. Die hier verwendeten Gliederungspunkte müssen auch in den Überschriften der einzelnen Folien verwendet werden. Der Aufbau der Charts orientiert sich an der Argumentationsfolge der Präsentation. Jeder Argumentationsschritt wird dabei mindestens in einer Folie dargestellt. Die Überschriften der Folien haben hierbei die folgende wichtige Funktion: Aus ihnen erkennt der Teilnehmer, welches logische Argument auf dieser Folie dargestellt wird. Der Abschluss der Präsentation wird durch eine besonders gestaltete Abschlussfolie markiert. Sie enthält entweder den Appell der Präsentation oder einen Dank an die Teilnehmer.

Gestaltungsregeln für Charts

Professionell gestaltete Charts erkennt man daran, dass sie Regeln einhalten, die auch professionelle Designer immer zugrunde legen:

- Inhalt der Folie steht im Mittelpunkt
- Animationen und Spezialeffekte erzeugen Aufmerksamkeit ohne abzulenken
- Kerninformationen sind auf einen Blick erkennbar
- Pro Thema ein eigenes Chart
- Charts nie überfrachten (mindestens 30 Prozent Leerraum)
- Maximal sieben Schriftzeilen pro Chart
- Hervorhebungen fett oder kursiv
- Gliederungspunkte durch Aufzählungszeichen kennzeichnen
- Sparsame Farbgebung, stimmiges Farbsystem (Ziel: Seriosität)
- Schlüsselwörter statt ausformulierter Sätze (nur ergänzend zum gesprochenen Wort)
- Aussagekräftige, das Thema interessant machende Überschriften
- Schaubilder so einfach und eingängig wie möglich
- Auflockerung gleichförmiger Folien durch Bilder
- Titel- und Schlusschart durch besonderen Effekt hervorheben

Bilder sprechen lassen

In Projekten gibt es viele Sachverhalte, die sich nur schwer erklären lassen, aber durch ein Bild sehr schnell deutlich werden. Projektpläne, die Auslastung der Projektmitarbeiter, die Struktur des Projektes und Übersichten über die Ausgaben sind nur einige Beispiele dafür. Ich habe in meinem Berufsleben oft die Erfahrung gemacht, dass mir jemand nach einem Gespräch etwa Folgendes gesagt hat: „Jetzt habe ich die Sache erst richtig verstanden, nachdem Sie diese Grafik mit mir entwickelt haben.“

Bilder fördern Verständnis

Es gibt Abhängigkeiten, Rückwirkungen und Beziehungen. Gerade diese lassen sich durch die Sprache nicht oder nur schwer vermitteln. Bilder sind hierfür besser geeignet, weil unser Gehirn die Fähigkeit hat, Bilder ganzheitlich zu sehen und zu erfassen. Mit

Visualisierungen nutzen wir gerade diese Fähigkeit und ergänzen damit in idealer Weise die logische, aber sequenzielle Darstellung durch Worte.

Visualisierungen sind bildhafte Darstellungen, durch welche die Komplexität der Realität reduziert wird. Sie dienen der Veranschaulichung, der raschen Informationsaufnahme und dem besseren Verständnis der zu vermittelnden Inhalte. Sie fördern die geistig-emotionale Anregung. Dazu stehen drei Zeichensysteme zur Verfügung: Schrift, Zahlen, Grafik.

Die Wirkung unserer Eingangskanäle

Wir haben fünf Sinne: Sehen, Hören, Riechen, Schmecken und Tasten. Jedes Sinnesorgan ist ein Eingangskanal für unser Gehirn, über den wir Informationen aufnehmen. Abbildung 3 gibt die aufgenommene Informationsmenge für die verschiedenen Eingangskanäle wieder.

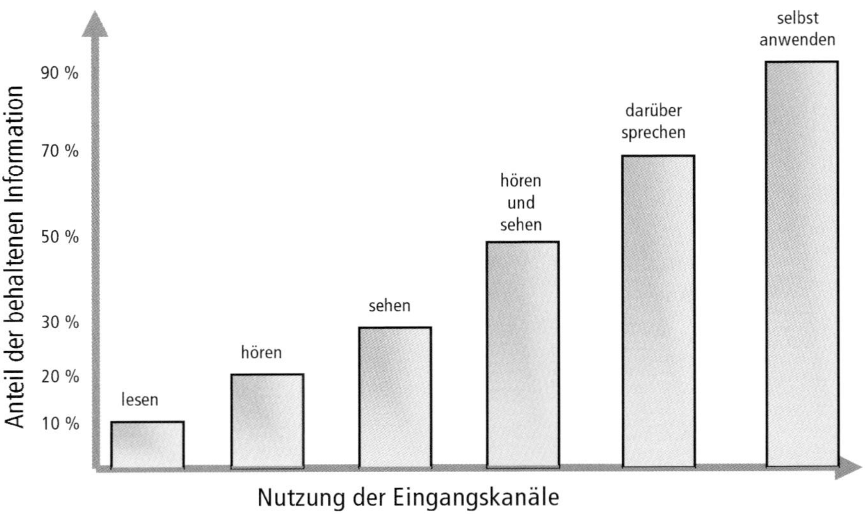

Abbildung 3: Je mehr Eingangskanäle gleichzeitig genutzt werden, umso besser werden die Informationen behalten

Bei Präsentationen, die naturgemäß auf Passivität der Zuhörer bei der Informationsaufnahme angelegt sind, ist die Unterstützung des gesprochenen Wortes durch visuelle Elemente die beste Möglichkeit, eine hohe Behaltensquote zu erreichen.

Inszenieren: Die Wirkung der Präsentation wird bewusst gestaltet

Bei Ihrer Präsentation stehen Sie vorne, vor den Zuhörern, wie auf einer Bühne. Alle Blicke und alle Aufmerksamkeit richten sich auf Sie als Person, auf das, was Sie sagen, und auf die Folien, die Sie zeigen. In der gleichen Situation befindet sich ein Schauspieler. Vor seinem Auftritt hat ein Regisseur seine Wirkung genau überlegt. Eine Inszenierung macht Bühnenwerke wirkungsvoll, eine Präsentation ebenfalls.

Die Wirkung, die Sie erzeugen, soll natürlich möglichst positiv sein. Ihre Wirkung wird von den Wahrnehmungsgewohnheiten der Zuhörer bestimmt. Wenn Sie diese kennen, können Sie die Präsentation wirkungsvoll gestalten.

Akustische Wirkung durch bewussten Einsatz der Sprache

Verständlich sprechen

Eine Grundvoraussetzung für eine gute akustische Wirkung ist, dass die Teilnehmer Sie gut verstehen. Die Verständlichkeit wird durch die Lautstärke, die Modulation, das Sprechtempo und die Struktur und Länge der Sätze bestimmt. Die Lautstärke ist abhängig von der Raumgröße und den akustischen Verhältnissen. Sie ist dann richtig gewählt, wenn die Teilnehmer in der letzten Reihe Sie ohne Mühe verstehen können. Sprechen Sie lieber etwas langsamer und leiser und artikulieren Sie die Worte deutlich. Die stimmtragenden Silben und Wörter sollten betont sein.

Durch Tempoveränderungen wird der Vortrag farbiger und lebendiger. Spannung wird dadurch erzeugt, dass das Tempo erst verlangsamt und dann beschleunigt wird. Das Grundtempo während der gesamten Präsentation sollte eher mäßig sein. Die Teilnehmer müssen neben der Sprache auch immer noch den Bildern folgen. Bei wichtigen Inhalten sprechen Sie besser langsamer als schneller.

Sprechpausen machen

Kurze Sprechpausen sind ein wichtiges Element, denn sie gliedern den Vortrag in Abschnitte und erzeugen damit eine Struktur in der Rede. Sie regen die Zuhörer zum Denken an und erzeugen zusätzlich Spannung. Das Auf und Ab der Stimmführung, die Modulation, macht Ihre Rede ebenfalls lebendig. Dagegen wirkt eine gleichmäßige Modulation eintönig und ermüdend. Modulieren Sie wichtige Stellen, zum Beispiel durch das Anheben der Stimme.

Sprechtempo verändern

Das Sprechtempo sollte so gewählt sein, dass die Teilnehmer der Präsentation gut folgen können. Ist das Sprechtempo zu hoch, können die Teilnehmer nicht mehr folgen. Ist es zu niedrig, besteht die Gefahr, dass die Teilnehmer sich mit anderen Gedanken beschäftigen. Bewährt hat es sich, mit einer normalen Stimmlage zu beginnen und langsam zu sprechen. Verwenden Sie zudem einen einfachen Satzbau mit wenigen Worten. Besonders wichtig ist, dass Sie beim Satzende die Stimme senken und beim Satzanfang die Stimme heben. Dies hat auch Konsequenzen für den Satzbau. Dieser sollte aus Hauptsätzen bestehen. Verwenden Sie Fachbegriffe nur dann, wenn Sie von den Zuhörern auch verstanden werden.

Körperhaltung, Mimik und Gestik entscheiden über optische Wirkung

Die Teilnehmer nehmen zuerst die Körperhaltung und die Kleidung des Referenten wahr. Diese bestimmen im Wesentlichen die optische Wirkung. Dies entsteht durch die Art und Weise, wie Sie auftreten. Halten Sie den Kopf aufrecht, behalten Sie Blickkontakt mit dem Publikum und vergessen Sie nicht, ab und zu zu lächeln! Zu Ihrer Wirkung gehören auch Selbstverständlichkeiten wie Kleidung, persönliche Verhaltensweisen und Mimik und Gestik. Bei der Kleidung gilt die Grundregel, dass Sie immer etwas besser angezogen sein sollten als Ihre Teilnehmer. Verhalten Sie sich höflich und freundlich und etwas formeller als üblich.

Präsentation ist mehr als Kommentierung der Folien

Die Teilnehmer wollen für das Thema gewonnen werden. Dies erreichen Sie durch eine abwechslungsreiche und interaktive Präsentation. Die technischen Möglichkeiten von Grafikprogrammen verführen dazu, viele Multimediaeffekte einzubauen. Diese wirken jedoch eher distanzierend und kalt. Durch die folgenden Elemente können Sie erreichen, dass die Teilnehmer sich angesprochen fühlen.

- Durch Fragen werden die Teilnehmer angeregt, selbst nachzudenken, und Sie schaffen damit Anknüpfungspunkte zu deren Denkwelt. Die Kunst besteht darin, die Teilnehmer durch Fragen so zu lenken, dass sie auf die vorher ausgearbeiteten Themenaspekte kommen. Hierbei sind die Fragen nicht nur eine einmalige kurze Einlage, sondern ein Gestaltungselement der gesamten Präsentation, das bis zur Hälfte der Gesamtzeit einnehmen kann.

- Durch Ihren Blick geben Sie den Teilnehmern das Gefühl, persönlich angesprochen zu sein. Aber der Blickkontakt alleine reicht nicht. Sie müssen nicht nur die Reaktionen der Teilnehmer wahrnehmen, sondern auch darauf reagieren. Sagt Ihnen die Körperhaltung eines Teilnehmers: Ich bin mit Ihren Ausführungen nicht einverstanden, dann sollten Sie eine Frage wie diese stellen: „Ich habe hier meinen Standpunkt dargestellt. Welche Meinung haben Sie dazu?" So wichtig der Blickkontakt ist, er darf aber nicht stören. Deshalb sollte der Blick ständig wechseln. Dadurch fühlen sich die Teilnehmer immer wieder beachtet, ohne das Gefühl zu haben, durch einen bohrenden Blick belästigt zu werden.

- Mit Grafikprogrammen erstellte Präsentationen verführen dazu, die Charts fast übergangslos hintereinander einzublenden. Dies überfordert die Zuhörer, da diese keine Zeit haben, die Informationen zu verarbeiten. Es ist deshalb besser, jedes Chart anzukündigen, einzublenden, kurz wirken zu lassen und dann erst mit der Erläuterung zu beginnen.

- Die Reaktion der Teilnehmer ist selbst bei einer gut ausgearbeiteten Präsentation nie vorauszusehen. Spontan können Fragen entstehen, oder die Teilnehmer haben den Wunsch, eigene Beiträge einzubringen. Gehen Sie auf diese Wünsche ein. Tun Sie dies nicht, dann geht die Aufmerksamkeit der Teilnehmer verloren. Sie sind bei ihren Fragen und Problemen und folgen der Präsentation nicht mehr. Ein kurzer Dialog mit den Teilnehmern hilft, die Aufmerksamkeit wieder herzustellen und den Anschluss an Ihre Präsentation zu finden.

- Zuhören erfordert hohe Konzentration. Wir können deshalb einem reinen Vortrag meist nicht länger als 30 Minuten folgen. Die Konzentration der Zuhörer wird sofort wieder hergestellt, wenn die Teilnehmer aktiviert werden, selbst nachzudenken oder etwas zu tun. Ein Beispiel für eine solche Aktivität ist eine Murmelrunde. Fordern Sie die Teilnehmer auf, sich zu zweit oder zu dritt leise über einen Aspekt der Präsentation auszutauschen. Geben Sie den Teilnehmern dann auch die Möglichkeit, die entstandenen Ideen und Fragen zu äußern.

- Die Präsentation spielt sich nicht nur auf der Leinwand ab, sondern im gesamten Raum. Sie bestimmen, wie Sie den Raum für die Präsentation nutzen und mit Leben füllen, damit Ihre Präsentation ein Gesamterlebnis wird. Am Anfang steht der persönliche Kontakt mit den Teilnehmern. Die Teilnehmer müssen spüren, dass Sie sich auf ihre Seite begeben. Diese Wirkung entsteht, wenn Sie vor das Publikum treten. Gerade zu Beginn einer Präsentation ist der Blickkontakt ein wichtiges Element, um Kontakt mit den Teilnehmern aufzubauen. Versuchen Sie, jeden Teilnehmer einzeln kurz anzusehen. Dadurch fühlt sich jeder persönlich angesprochen. Bei einem großen Auditorium erreicht man dies dadurch, dass man abwechselnd in die hinteren Ecken des Raumes sieht. Und: Präsentieren Sie im Stehen! Dadurch werden Sie den Teilnehmern besser sichtbar.

- Je mehr multimediale Elemente eingesetzt werden, umso größer ist die Gefahr, dass die Teilnehmer ihren Blick nur auf die Leinwand richten. Durch eine geschickte Sitzordnung können Sie dies verhindern. Bei kleinen Runden sollten die Teilnehmer sich gegenseitig ansehen und gleichzeitig die Präsentation gut auf der Leinwand verfolgen können.

Signale der Teilnehmer

Teilnehmerreaktionen sind Feedback! Insbesondere bei längeren Frontalpassagen kann man sich selbst mithilfe der folgenden Fragen ein Bild darüber machen, wie die Teilnehmer die Präsentation aufnehmen:

- Können die Teilnehmer der Präsentation folgen und verstehen sie mich?
- Sind die Zuhörer interessiert?
- Akzeptieren sie das, was ihnen vorgestellt wird?
- Gibt es Signale für Abwesenheit und Widerspruch?
- Lässt die Aufmerksamkeit nach?

Die Erstellung der Präsentation ist ein kleines Projekt

„You have only one chance!" Dieser Satz gilt, treffender vielleicht noch als in anderen Situationen im Projektgeschäft, für eine Präsentation. Eine halbe Stunde oder eine Stunde entscheiden darüber, ob ein Projekt gewonnen wird oder nicht. Während einer Präsentation haben Sie nur noch wenige Chancen, etwas zu verändern. Je gezielter die Präsentation auf die Teilnehmer und das Ziel hin gestaltet ist, umso besser werden Sie die Teilnehmer von Ihrem Anliegen überzeugen.

Planung der Präsentation

Die Vorbereitung der Präsentation beginnt mit der Entwicklung eines Zeitplans. Dieser sollte Ihnen so viel Zeit lassen, dass Sie die Präsentation proben können. Erstellen Sie einen kleinen Projektplan, und planen Sie die einzelnen Schritte rückwärts vom Tag der Präsentation an. Ein Beispiel eines solchen Projektplans ist in Abbildung 4 wiedergegeben.

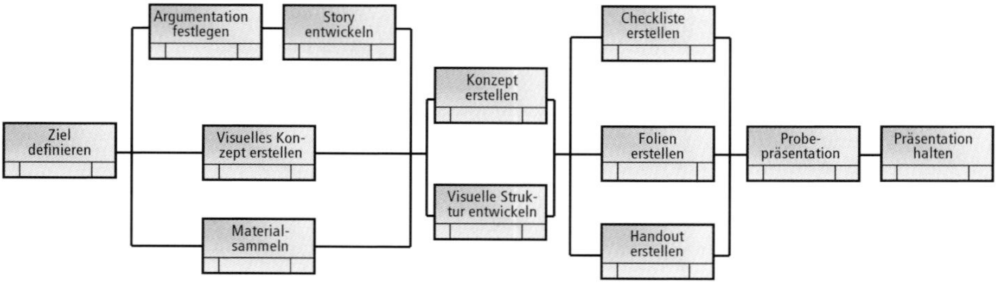

Abbildung 4: Der Projektplan für die Vorbereitung stellt sicher, dass Sie genügend Zeit für alle Vorbereitungsaktivitäten haben

Erwartungen analysieren und Ziel definieren

Wie bei einem Entwicklungsprojekt beginnt die Vorbereitung der Präsentation mit einer Analysephase. Aus den Erwartungen können Sie das Ziel ableiten. Formulieren Sie dies so genau wie möglich. Analyseergebnis und Ziel sind die Basis für Ihr Konzept. Bereits in der Vorbereitung der Präsentation setzen Sie einen Teil des Konzeptes um, indem Sie die Folien für die Präsentation erstellen. Der zweite Teil der Umsetzung ist nur live möglich, indem Sie die Präsentation halten.

Nachdem Sie das Ziel kennen, können Sie das Konzept für die Präsentation ausarbeiten. Die vorgegebene Zeit und die Aufnahmefähigkeit der Zuhörer begrenzen die Menge der zu präsentierenden Inhalte und damit vor allem die Menge der Charts. Dabei gelten zwei Faustregeln: In einer Präsentation sollte Phasen, bei denen die Teilnehmer nur zuhören, nie länger als 30 Minuten sein. Für eine Folie sind in der Regel 90 Sekunden Redezeit angemessen.

Die Generalprobe

Üben Sie eine wichtige Präsentation vor Ihrem Auftritt. Nur so erkennen Sie, was im Detail noch fehlt oder verändert werden muss. Manche Effekte wirken live anders, als man es sich ausgedacht hat. Eine Videoaufzeichnung hilft, selbstkritisch zu prüfen, wie die Präsentation ankommt. Hierbei kommt es nicht auf das Detail an, sondern auf die Gesamtwirkung. Suchen Sie sich für die Probepräsentation wohlwollenden Kollegen oder Freunde, von denen Sie ein kritisches und konstruktives Feedback erwarten können. Die Probepräsentation ist Ihre Generalprobe.

Countdown: die letzten Stunden vor der Präsentation

Die Folien sind erstellt und eine Generalprobe mit Kollegen durchgeführt. Sie merken, dass Ihre Nervosität steigt. Schon kommen die ersten Bedenken. Habe ich alle Folien richtig gestaltet? Ist meine Story wirklich gut? Ihnen fällt noch diese oder jene Kleinigkeit ein, die Sie verbessern könnten.

Die Angst vor dem Versagen

Angst und Nervosität vor der Präsentation haben einen Namen: Lampenfieber. Man nennt es auch Redehemmung oder die Angst, sich vor einer großen Zuhörerschaft zu Wort zu melden. Sie kommt daher, dass die Situation für Sie in vielen Punkten fremdbestimmt, meist unbekannt und daher auch nicht einzuschätzen ist.

Wenn Lampenfieber eintritt, können Sie, selbst wenn Sie es wollten, die Präsentation nicht mehr aufhalten. Die Folien sind fertig gestaltet, und es gibt keine Zeit mehr, sie zu verändern. Dies erzeugt ein Gefühl der Ausweglosigkeit. Allgemein gilt: Je bedeutsamer der Anlass, je größer und unvertrauter das Publikum und je mehr nach der eigenen Einschätzung von der Bewertung der Präsentation abhängt, desto höher wird im subjektiven Empfinden die Ungewissheit der Situation gewichtet und desto stärker ist das Lampenfieber.

Stressreaktionen sind normal

Wir sind Reden und Auftritte vor einem großen Publikum nicht gewohnt. Es sind außergewöhnliche Ereignisse in unserem Leben, die Stress erzeugen. Aber der Stress hat auch seine positive Seite. Durch ihn können wir unsere Kraft und Energie auf die Präsentation konzentrieren. Stressreaktionen sind ein natürlicher Überlebensmechanismus, der uns in die Lage versetzt, Gefahren und Belastungssituationen schnell und effektiv zu bewältigen.

Lampenfieber ist die Verlängerung der Schrecksekunde, die in jeder Stressreaktion auftritt. Die Folge davon ist: Alle Aktivitäten werden reduziert; wir können uns nicht konzentrieren und sind zu keiner Handlung fähig. Die Hände fangen an zu zittern. Sie sind feucht und unsere Knie sind „weich“. Der Mund ist trocken und fühlt sich so an, als habe man einen „Kloß“ im Hals.

Umgang mit Lampenfieber

Lampenfieber lässt sich nicht vermeiden, aber auf ein erträgliches Maß reduzieren. Nutzen Sie jede Gelegenheit für einen „öffentlichen Auftritt“. Beobachten Sie dabei, welche Reaktionen dies in Ihrem Körper auslöst. Werden Sie rot? Haben Sie einen trockenen Mund? Oder zittern Sie? Durch diese Beobachtungen bekommen Sie ein Gefühl dafür, was in Ihrem Organismus vorgeht.

Eine positive Einstellung ist eine gute Basis für den Erfolg

„Ich freue mich, hier zu sein. Ich freue mich, dass Sie hier sind. Ich bin ganz für Sie da. Ich fühle mich gut vorbereitet." Mit dieser Einstellung werden Sie die Teilnehmer für sich gewinnen. Diese vier Sätze fassen die positive Grundstimmung zusammen, mit der Sie in die Präsentation starten sollten. Der Schlüssel zum Erfolg liegt in der inneren Einstellung. Stimmt die innere Einstellung, strahlen Sie Sicherheit und Zuversicht von alleine aus.

Entspannung vor der Präsentation

Ruhe und Konzentration auf das, was kommt, hilft Ihnen, sich auf die Präsentation einzustellen. Es ist gleichzeitig auch die beste Möglichkeit, das Lampenfieber zu bändigen. Mit einigen kleinen Tricks können Sie die innere Ruhe vor der Präsentation finden:

- Planen Sie genügend Zeit vor der Präsentation ein, um Ruhe zu finden.
- Sie sollten der Erste im Raum sein. So können Sie sich in Ruhe mit dem Raum und der Technik vertraut machen.
- Machen Sie sich mit den Funktionen des Beamers vertraut.
- Probieren Sie Ihre Stellung während der Präsentation aus. Stehen Sie keinem Teilnehmer im Blickfeld?
- Testen Sie die Lichtverhältnisse. Das richtige Verhältnis ist dann erreicht, wenn der Raum so hell wie möglich ist, aber die Präsentation auf der Leinwand noch gut gelesen werden kann.
- Prüfen Sie die Lesbarkeit der Charts. Kann das Chart mit der kleinsten Schrift von der letzten Reihe noch gut gelesen werden?
- Trinken Sie kurz vor der Präsentation einen Schluck Wasser oder kauen Sie einen Kaugummi. Dies erhöht die Speichelflüssigkeit und verhindert, dass Sie gleich zu Beginn einen trockenen Hals haben. Kurzes tiefes Durchatmen vor dem ersten Satz gibt dem Körper Ruhe.
- Lernen Sie den ersten Satz auswendig. Mit ihm müssen Sie die Aufmerksamkeit der Zuhörer von der ersten Sekunde an auf sich ziehen.

Fragenspeicher

Während der Präsentation sollten Sie nur Verständnisfragen beantworten, damit der Fluss der Präsentation nicht unterbrochen wird. Für die Diskussion zum Inhalt ist der Zeitraum nach der eigentlichen Präsentation geeigneter.

Ein Fragenspeicher ist ein Instrument, mit dem Fragen, die nicht sofort zu beantworten sind, festgehalten werden. Dazu dient ein Flipchart oder eine Pinnwand mit der Überschrift „Fragenspeicher" oder „Themenspeicher". Eine andere Alternative ist, die Teilnehmer aufzufordern, Fragen, die ihnen während der Präsentation einfallen, auf Karten zu schreiben. Diese können Sie am Ende einsammeln und in den Fragenspeicher hängen.

… und wenn doch mal etwas schief geht?

Not-Anker

Nur selten werden Sie für Ihre Präsentation ein Heimspiel haben. Wenn Sie die Teilnehmer in die Räume Ihres Unternehmens einladen können, sollten Sie dies tun. Denn hier haben Sie in der Regel die besseren Möglichkeiten, den Raum und die Technik gut vorzubereiten. Oft finden die Präsentationen aber an einem für Sie fremden Ort statt. Hier gibt es kaum noch eine Gelegenheit, fehlende Dinge zu besorgen. Erstellen Sie sich eine Checkliste. Sie hilft Ihnen dabei, nichts zu vergessen.

Gestalten Sie das Handout so, dass die Teilnehmer das Gefühl haben, es wäre nur für diesen Anlass erstellt worden. Es sollte die Charts in verkleinerter Form enthalten und sich auf das Wesentliche konzentrieren. Immer öfter möchten die Teilnehmer die Präsentation auch in elektronischer Form haben. Man kann die Charts nach der Präsentation als PDF an alle Teilnehmer verschicken oder eine CD brennen.

Ausfall der Technik

Selbst bei noch so perfekter Vorbereitung kann die Technik vor Ort ausfallen. Dann haben Sie die folgenden drei Möglichkeiten, darauf zu reagieren:

- Fällt die Technik gleich zu Beginn der Präsentation aus, dann halten Sie die Präsentation mit dem mitgebrachten Handout oder mit dem vorbereiteten Ersatzfoliensatz.
- Fällt die Technik während der Präsentation aus, nutzen Sie lieber die mitgebrachten Ersatzmedien. Versuche, die Technik in Gang zu bringen, sind meist erfolglos und lenken die Teilnehmer vom roten Faden ab.
- Fällt die Technik am Ende aus, so kann man die Präsentation zusammenfassen und die Schlussfolgerung mündlich vortragen.

Diskussion nach der Präsentation: Jetzt haben die Teilnehmer das Wort

Während der Präsentation waren die Teilnehmer passive Zuhörer. Durch die Diskussionsbeiträge verarbeiten die Teilnehmer das, was sie gesehen und gehört haben. Für Sie ist das die Gelegenheit, wichtige Punkte hervorzuheben, kritische Anmerkungen zu machen oder Teilaspekte zu vertiefen.

In der Diskussion nach der Präsentation werden offene Fragen geklärt und die Meinungen der Teilnehmer zum Thema deutlich. Für den Referenten sind sie ein wichtiges Feedback.

Weiterführende Einwände und Kritik sind immer Hinweise darauf, dass diese Punkte in der Präsentation nicht klar genug geworden sind. Die Diskussion ist dann die Chance, diese Punkte noch zu klären oder sogar richtig zu stellen.

Übergang zur Diskussion

Es gibt prinzipiell drei Möglichkeiten, den Übergang von der Präsentation zur Diskussion zu gestalten:

- Eine formelle Eröffnung der Diskussion leiten Sie mit dem folgenden Satz ein: „Jetzt haben Sie Gelegenheit, Fragen zu stellen und die präsentierten Inhalte zu kommentieren."
- Mit einer offen Frage laden Sie die Teilnehmer ein, ihre Meinung zu äußern: „Welches sind Ihre Erfahrungen zu diesen dargestellten Punkten?" – „Wie stehen Sie zu den präsentierten Lösungswegen?"
- Auf dem Abschlusschart visualisieren Sie die Aufforderung zur Diskussion. Dies kann ein Bild sein oder auch nur der folgende einfache Satz: „Ihre Fragen bitte!"

Fragen klären, auf Einwände eingehen

Im Anschluss an eine Präsentation ist für eine Diskussion in den meisten Fällen nur wenig Zeit. Andererseits ist sie wichtig, damit die Präsentation bei den Teilnehmern keine offenen Fragen hinterlässt. Sie sollte deshalb stringent gestaltet werden. Dabei hilft, dass Fragen kurz und präzise beantwortet und nicht zu weiteren Ansatzpunkten für Einwände werden. Bei speziellen Fragen, die nicht im Plenum zu beantworten sind, sollte man den Fragesteller zu einem Zwei-Augen-Gespräch nach der Präsentation einladen.

Moderator und Fachexperte

In der Diskussion sind Sie auf der einen Seite der Moderator, der sicherstellen muss, dass die Teilnehmer ihre Beiträge äußern können. Auf der anderen Seite sind Sie aber auch der Fachmann, der mit seinem Thema im Mittelpunkt steht und in Bezug auf den Inhalt sehr parteiisch ist. In der Diskussion müssen Sie die Balance zwischen neutraler Diskussionsleitung und parteiischer Darstellung Ihrer Position wahren.

Sie können die Diskussion nur steuern, wenn Sie sich zwei Privilegien nehmen. Das eine Privileg besteht darin, sich nicht unterbrechen zu lassen, wenn Sie das Wort haben. Das andere darin, Teilnehmer zu unterbrechen, wenn dadurch andere Teilnehmer keine Gelegenheit mehr bekommen, ihre Fragen zu stellen. Ihre Verantwortung ist es, allen Teilnehmern die gleichen Chancen für Anregungen und Einwände zu geben.

Die Diskussion wird sowohl auf der Sach- als auch auf der Beziehungsebene gelenkt. Behalten Sie immer beide Ebenen im Blick.

Inhalte auf Sachebene klären

Auf der Sachebene sollten Sie die folgenden Punkte beachten:

- Behalten Sie das Ziel und die Themen der Präsentation im Auge und achten Sie darauf, dass die Diskussion nicht in andere Themen abschweift.
- Erteilen Sie das Wort immer in der Reihenfolge der Wortmeldungen.
- Bündeln Sie Fragen und Einwände.
- Fragen Sie nach, wenn Diskussionsbeiträge unverständlich oder unklar sind.
- Stellen Sie klar, dass vom Thema abweichende Fragen und Einwände nicht beantwortet werden können. Geben Sie, wenn möglich, einen Hinweis darauf, wer diese Fragen oder Einwände beantworten kann.
- Strukturieren Sie die Diskussion nach Teilthemen, wenn der Umfang der zu besprechenden Themen zu groß ist.
- Zeigen Sie die Gemeinsamkeiten zwischen den Beiträgen auf.

- Stellen Sie Fragen, um unklare oder zu allgemeine Äußerungen zu konkretisieren.
- Achten Sie auf die Zeit und kündigen Sie das Ende der Diskussion an.

Missstimmungen auf Beziehungsebene ansprechen

Die folgenden Möglichkeiten stehen für die Steuerung auf der emotionalen Ebene zur Verfügung:

- Halten Sie Blickkontakt mit den Zuhörern. Bei kleinen Gruppen ist es besser, sich bei der Diskussion zu setzen, damit Sie die gleiche Augenhöhe mit den Teilnehmern halten.
- Sprechen Sie die Teilnehmer mit Namen an, wenn Sie diese kennen oder die Teilnehmer Namensschilder haben.
- Geben Sie zurückhaltenden Teilnehmern die Chance zur Stellungnahme.
- Lassen Sie die Teilnehmer ausreden. Aber unterbrechen Sie monologisierende Teilnehmer. Tun Sie dies freundlich, aber bestimmt.
- Lassen Sie sich nicht provozieren. Konfrontationen können Sie vermeiden, indem Sie Fragen stellen.
- Stellen Sie bei Meinungsverschiedenheiten die gemeinsamen Punkte heraus.

Einwände: positive Antworten für kritische Anmerkungen

Der Auftraggeber wünscht sich eine Lösung für sein Problem, die Teilnehmer des Lenkungsausschusses positive Nachrichten und die Mitarbeiter im Projekt wollen begeistert werden. Immer dann, wenn solche oder andere Erwartungen mit der Präsentation nicht getroffen wurden oder die Teilnehmer die Botschaften nicht verstanden haben, regt sich Widerstand. Dieser macht sich dann in mehr oder weniger kritischen Anmerkungen Luft.

Einwände sind positive Signale. Sie zeigen, dass die Teilnehmer der Präsentation aktiv gefolgt sind. Sie helfen auch, bestimmte Punkte nochmals zu verdeutlichen. Sie sind aber auch ein Zeichen für Widerstände oder abweichende Meinungen.

Einwände unterscheiden sich von Fragen dadurch, dass mit ihnen meist eine unterschwellig Kritik oder eine konträre Position zu den Aussagen der Präsentation verbunden ist. Nehmen Sie bei einem Einwand immer die folgende Haltung ein: Der Teilnehmer hat subjektiv Recht und gute Gründe, diesen Einwand vorzubringen. Fragen Sie sich dann: Mit welchen sachlichen Argumenten kann ich dem Einwand entgegnen?

Einwände sind immer begründet

Einwände werden nicht immer sachlich geäußert. Teilnehmer haben die unterschiedlichsten Motive, keine sachliche Diskussion zu führen. Im Gegenteil: Sie wollen den Referenten oder das Thema in ein ungünstiges Licht rücken. Es gibt Taktiken, die bewusst darauf abzielen, die Diskussion zu emotionalisieren. Auf der sachlichen Ebene werden Meinungen als Tatsachen ausgegeben, Fakten bestritten oder hypothetische Annahmen gemacht. Auf der emotionalen Eben wird der Referent persönlich angegriffen, seine Fachkompetenz bestritten oder in unfairer Weise mit seiner eigenen Meinung konfrontiert.

Auf Einwände können Sie nicht immer wie aus der Pistole geschossen reagieren. Der Einwand konfrontiert Sie mit einer neuen Meinung, die Sie mehr oder weniger aus Ihrem Konzept bringt. Sie müssen deshalb erst einmal etwas Zeit gewinnen, um mit einem guten Argument auf den Einwand reagieren zu können.

Positiv reagieren

Versuchen Sie zuerst, den Einwand zu verstehen. Zeigen Sie dem Teilnehmer, dass Sie seinen Einwand ernst nehmen. Dabei müssen Sie sowohl die Sach- als auch die Beziehungsebene im Auge haben. Sachlich müssen Sie verstehen, was der Kern des Einwandes ist und welches Ziel der Teilnehmer damit verfolgt. Auf der Beziehungsebene analysieren Sie, welche Motive dem Einwand zugrunde liegen. Nehmen Sie Blickkontakt mit dem Zuhörer auf. Damit geben Sie ihm zu verstehen, dass Sie zuhören. Wenn Sie seinen Einwand kurz wiederholen, spiegeln Sie ihm zurück, was Sie davon verstanden haben.

Eine kurze Pause vor einer Rückfrage oder Ihrer Antwort signalisiert, dass Sie sich mit dem Einwand auseinander setzen. Sie können diese Pause auch bewusst ansprechen: „Lassen Sie mich kurz überlegen, wie ich Ihnen hierauf am besten antworten kann." Eine zu schnelle Rückfrage oder Antwort erweckt den Eindruck, dass Sie mit Standardformulierungen arbeiten. Zudem verschafft Ihnen die Pause die notwendige Zeit, um eine passende Antwort zu finden.

Rückfragen stellen

Eine weitere Möglichkeit, Zeit zu gewinnen, sind Rückfragen. Dadurch erhalten Sie zusätzliche Informationen und zwingen den Teilnehmer, sich nochmals mit seinem Einwand auseinander zu setzen und ihn zu präzisieren und zu konkretisieren.

Folgende Techniken der Einwandbehandlung haben sich bewährt:

- Bedingte Zustimmung: „Ich stimme Ihnen im Prinzip zu, aber …" Damit nehmen Sie den Einwand des Teilnehmers ernst, aber relativieren ihn.
- Vorteils-Nachteils-Argumentation: „Ich erkenne den von Ihnen vorgebrachten Nachteil an, möchte aber auch den folgenden Vorteil nochmals verdeutlichen: …" Sie zeigen damit, dass Ihre Argumente auf einer bewussten Abwägung von Vor- und Nachteilen beruhen.
- Referenzmethode: „Ich verstehe Sie vollkommen, möchte aber hinzufügen, dass Experten …" Sie nutzen die Autorität Dritter.
- Verzögerungstechnik: „Ich verstehe Ihren Einwand, bitte haben Sie jedoch Verständnis dafür, dass ich erst am Ende der Präsentation/Diskussion darauf eingehen möchte." So können Sie den Einwand in einem anderen Kontext behandeln oder ihn damit aus einer aktuellen Diskussion heraushalten.

3. Fragen und Nachfragen: das Geheimnis der Auftragsklärung

Für ein gutes Gespräch sind die Ohren wichtiger als die Zunge.

THORNTON WILDER, 1897–1975,
AMERIKANISCHER SCHRIFTSTELLER

Lieben Sie Auftragsklärungsgespräche? Oder geht es Ihnen wie diesem Projektleiter, der auf die Frage „Wie geht es in Ihrem Projekt voran?“ antwortete:

Der „schwierige“ Auftraggeber

Heute Mittag habe ich schon wieder ein Auftragsklärungsgespräch mit Herrn Müller. Das letzte war schon so mühsam. Fast zwei Stunden haben wir uns unterhalten, und ich habe von ihm kaum Informationen bekommen. Auf jede meiner Fragen hatte er nur eine kurze Antwort. Ich habe das Gefühl, dass er mir nicht alles sagen will. Wenn ich nur wüsste, wie ich besser an ihn herankommen könnte!

So wichtig Auftragsklärungsgespräche sind, so wenig entsprechen sie unserer natürlichen Haltung in Gesprächen. In meinen Seminaren zum Projektmanagement habe ich immer folgende Übung gemacht: Ich gab den Teilnehmern folgenden Auftrag: „Stellen Sie einen Turm her!“ Jede Gruppe hat dann einen Turm hergestellt. Jede einen anderen, nie jedoch denjenigen, den ich mir als Auftraggeber vorgestellt hatte. Fast keiner der Teilnehmer kam auf die Idee, mich zu fragen, welchen Turm ich eigentlich wollte.

Auftragsklärungsgespräche sind dazu da, herauszubekommen, welche Vorstellungen der Auftraggeber von seinem Auftrag hat. Viele Projektmitarbeiter und Projektleiter lieben diese Klärungen nicht. Sie fühlen sich immer in die Situation versetzt, dass sie etwas nicht wissen. Dazu kommt, dass sie ihr Gegenüber nicht oder nur wenig kennen.

Das Auftragsklärungsgespräch

Die folgenden Fragen stehen bei Auftragsklärungsgesprächen im Mittelpunkt:

- Wie kann mit dem Gesprächspartner eine vertrauensvolle Atmosphäre aufgebaut werden?
- Wie erfragt man die Informationen, welche für die Formulierung des Angebotes notwendig sind?
- Wie welchen Mitteln kann das Gespräch gesteuert werden?
- Auf welche Weise wird mit dem Gespräch eine gute Basis für die künftige Zusammenarbeit im Projekt gelegt?

Ein Gespräch findet immer auf zwei Ebenen statt

Professionelle Gespräche

Professionelle Gespräche unterscheiden sich von Alltagsgesprächen dadurch, dass mit ihnen ein konkretes Ziel verfolgt wird. Informationen werden erfragt, Sachverhalte geklärt oder Entscheidungen gefällt.

Auftragsklärungsgespräche werden mit dem Auftraggeber geführt. Ziel ist es, die Vorstellungen des Auftraggebers über den Auftrag zu ermitteln. Hierzu werden vom Auftraggeber Informationen erfragt, die notwendig sind, um den Auftrag so konkret wie möglich zu formulieren.

In einem Auftragsklärungsgespräch sind zwei Dinge zu leisten: Einerseits müssen möglichst viele Informationen erfragt und andererseits muss eine gute Beziehung zum Gesprächspartner aufgebaut werden. Denn die Gesprächspartner sind im weiteren Projektverlauf oft wichtige Personen, die das Projekt unterstützen, aber auch behindern können. Hinzu kommt, dass sich die Gesprächspartner nur wenig Zeit für das Gespräch nehmen. Je höher die Hierarchie ist, umso weniger Zeit bekommen der Projektleiter oder seine Mitarbeiter eingeräumt.

Sach- und Beziehungsebene

Am Auftragsklärungsgespräch sind die Gesprächspartner mit ihren Gefühlen, Emotionen und Einstellungen beteiligt. Der Gesprächsführer in einem professionellen Gespräch muss immer zwei Ebenen im Blick haben: die Sachebene, auf der die Informationen erfragt werden, und die Beziehungsebene, auf der ein gutes Gesprächsklima hergestellt wird. Gut geführte Gespräche zeichnen sich dadurch aus, dass es gelingt, eine Beziehung zum Gesprächspartner aufzubauen, in der das Sachthema in all seinen Facetten besprochen werden kann.

Die vier Seiten des Auftragsklärungsgespräches

„Wir können nicht nicht kommunizieren" ist ein Ausspruch von Paul Watzlawick. Auch das, was wir nicht sagen oder fragen, ist für unseren Gesprächspartner eine Botschaft. Nach dem Kommunikationsmodell von Schulz von Thun werden bei der Kommunikation zwischen zwei Menschen Nachrichten ausgetauscht. Er bezeichnet die beiden an der Kommunikation Beteiligten als Sender und Empfänger. Abbildung 5 zeigt, dass die Kommunikation durch den Sachaspekt, Beziehungsaspekt, Selbstoffenbarungsaspekt und Appellaspekt gekennzeichnet ist.

Alle Aspekte gleichzeitig im Spiel

Die zwischen Sender und Empfänger ausgetauschte Nachricht ist ein Paket von Sachinhalt, Selbstkundgabe, Beziehungsdefinition und Appell. Der Empfänger bekommt immer das Paket als Ganzes übermittelt, nie einen Aspekt alleine, auch wenn wir dies beabsichtigen. Missverständnisse kommen hauptsächlich dadurch zustande, dass Sender und Empfänger das Gewicht auf unterschiedliche Aspekte legen. Dies verdeutlicht das folgende Beispiel:

In der Einleitung des Auftragsklärungsgespräches sagt der Projektleiter: „Ich möchte den Projektauftrag mit Ihnen klären." Dieser einfache Satz enthält vier Botschaften:

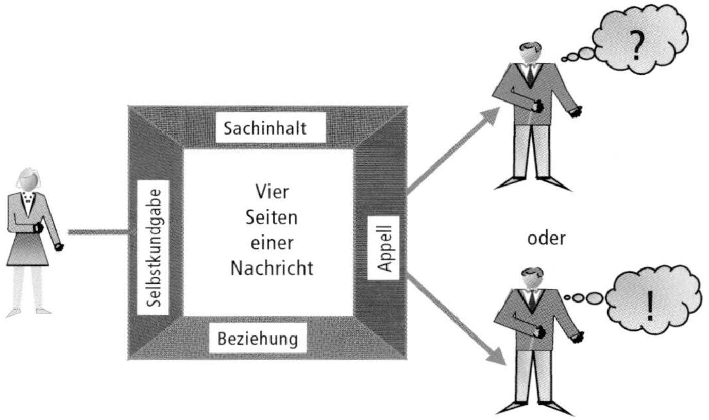

Abbildung 5: Jede Nachricht hat vier Seiten – das Kommunikationsmodell von Schulz von Thun

- Unter dem Sachaspekt gesehen bedeutet diese Nachricht: „Ich möchte den Auftrag so konkret wie möglich mit Ihnen klären."
- Unter dem Selbstoffenbarungsaspekt betrachtet sagt der Projektleiter: „Ich habe noch nicht genau verstanden, was Sie wollen."
- Unter dem Beziehungsaspekt gesehen könnte die Nachricht lauten: „Ich bin von Ihnen abhängig, um den Auftrag durchzuführen."
- In der Nachricht steckt noch ein Appell: „Sagen Sie mir alles, was Sie über den Auftrag wissen."

Nonverbale Aspekte

Eine Nachricht hat aber nicht nur verbale Anteile, sondern auch nonverbale. Ein Teil davon ist die Körpersprache. Die nonverbalen Anteile können die Nachricht unterstützen, aber auch im Gegensatz zu ihr stehen. Auch bei unserem Beispiel kommt es darauf an, wie der Projektmitarbeiter dem Gesprächspartner gegenübersitzt. Sagt er den Satz: „Ich möchte mit Ihnen noch einige Punkte zu Ihrem Auftrag besprechen" in einer aufrechten Haltung mit dem Blick auf den Gesprächspartner gerichtet, ist seine Selbstkundgabe: „Ich bin professionell." Steht er jedoch gebeugt mit dem Blick ins Leere gerichtet, dann entsteht zwischen Aussage und Haltung ein Gegensatz. Während seine Aussage „Ich möchte mit Ihnen konkret den Auftrag klären" lautet, zeigt seine Haltung: „Ich bin unsicher und weiß nicht, worum es geht."

„Ein Gespräch führen" heißt: im Gespräch führen

Rolle des Gesprächsführers

Alltagsgespräche führen wir fast täglich. Bei diesen Gesprächen führt aber keiner der Gesprächspartner im Gespräch. Die Gesprächsführung wechselt zwischen den Gesprächspartnern hin und her, oder der Gesprächsführer kristallisiert sich erst nach einer Weile heraus.

Bei professionellen Gesprächen ist dies anders. Hier hat der Projektmitarbeiter oder Projektleiter ein konkretes Anliegen. Er muss vom Auftraggeber möglichst viele Informationen erhalten. Dabei sind nicht nur die offiziellen Informationen wichtig, sondern oft auch inoffizielle, mitschwingende Aspekte. Gerade Letztere geben Hinweise auf Fallen und Stolpersteine im Projekt. In diesen Gesprächen kann deshalb die Gesprächsführung nicht dem Zufall überlassen bleiben, sondern muss von Anfang an beim Projektleiter oder den Projektmitarbeitern liegen, welche die Auftragsklärung durchführen.

Ihre Rolle im Auftragsklärungsgespräch können Sie durch die folgenden Zeichen deutlich machen:

- Bitten Sie um den Termin und machen Sie deutlich, dass das Gespräch für Sie wichtig ist.
- Sie legen, soweit möglich, Sitzordnung, Zeit und Struktur für das Gespräch fest.
- Ergreifen Sie die Initiative zu Beginn des Gespräches.
- Sie steuern das Gespräch.

Ein Gespräch wird gesteuert, indem die Phasen Reden und Zuhören bewusst gestaltet werden. Dazu stehen Ihnen zwei Instrumente zur Verfügung: Führen durch Fragen und Begleiten durch aktives Zuhören.

Bei der Gesprächsführung geben Sie Impulse, führen durch Fragen und steuern den Gesprächsverlauf, indem Sie darauf achten, dass das Gespräch nicht abgleitet. Beim Begleiten redet Ihr Gesprächspartner. Er gibt Antworten auf Fragen, informiert über Sachverhalte oder stellt Dinge aus seiner Sicht dar.

Führen und begleiten

Durch Führen bringen Sie das Gespräch weiter; in der Phase des Begleitens stellen Sie die Informationsübermittlung sicher. Dabei müssen Sie darauf achten, dass Ihr Gesprächspartner seinen Standpunkt ausführlich darstellt. Ermuntern Sie Ihren Gesprächspartner, den Auftrag aus seiner Sicht darzustellen. Dazu gehören auch Gesprächspausen, damit Ihr Partner Gelegenheit hat, seine Antwort zu überlegen. Die Abschnitte des Führens und Begleitens ergänzen sich – Abbildung 6 zeigt, wie sich Führen und Begleiten im Gespräch abwechseln.

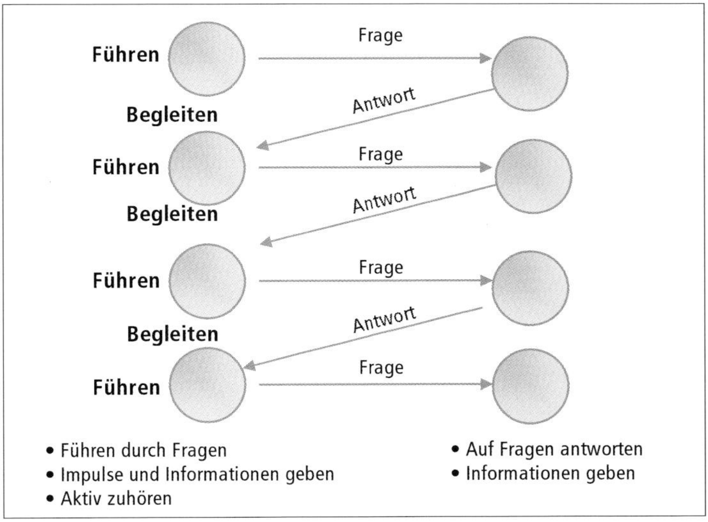

Abbildung 6: Gespräche werden durch Fragen geführt und durch aktives Zuhören begleitet

Die Basis für ein gutes und damit erfolgreiches Gespräch ist der Kontakt mit Ihrem Gesprächspartner. Indem Sie sich um den Kontakt bemühen, zeigen Sie Interesse an der Person. Die Initiative für den Kontakt geht immer von Ihnen als Gesprächsführendem aus. Der Gesprächspartner kann den Kontakt annehmen, korrigieren oder ablehnen. Nicht in Kontakt zu sein bedeutet, dass keine sachliche und emotionale Ausgangsbasis für das Gespräch besteht und dass Sie von etwas anderem reden als Ihr Gesprächspartner.

Führen durch Fragen und Nachfragen

Fragen stellen

Die meisten Menschen stellen nur wenig Fragen. Vielleicht, weil sie denken, dass Fragen zu stellen ein Zeichen von Unwissenheit ist. Vergessen Sie Ihre Scheu, Fragen zu stellen. Fragen sind in Gesprächen eines der wichtigsten Instrumente, um Informationen einzuholen, die Vorstellungen des Gesprächspartners herauszufinden und das Gespräch zu lenken.

Die richtige Frage für eine passende Antwort

Fragen haben verschiedene Funktionen. Daraus ergeben sich unterschiedliche Fragetypen:

Fragetypen

- Auf *rhetorische Fragen* erwartet man eigentlich keine Antwort, sondern nur eine Bestätigung. „Kennen Sie schon unsere Konditionen? Ich habe Ihnen hier unsere allgemeinen Geschäftsbedingungen mitgebracht." Sie werden gestellt, um zum Thema hinzuführen – und sind damit ein gutes Stilmittel für eine Präsentation. Für Gespräche sind sie meistens ungeeignet, denn mit ihnen kann ein offenes Gespräch nicht in Gang gebracht werden.

- *Suggestivfragen* sind geschlossene Fragen. Mit ihnen soll der Befragte zu einer bestimmten Antwort gedrängt werden: „Sind Sie nicht auch der Meinung, dass der Lösungsvorschlag A sehr gut ist?" Vermeiden Sie Suggestivfragen. Es ist eine Form der Beeinflussung, die als Frage getarnt ist. Und sie belasten das Gesprächsklima.

- *Geschlossene Fragen* enthalten in der Frage schon die Antwort – „Ja" oder „Nein". „Haben Sie die Spezifikation des Auftrags schon erstellt?" Diese Fragen ermöglichen eine straffe Gesprächsführung. Mit ihnen können Sie Daten sehr schnell erheben und sich Vermutungen oder Vorinformationen bestätigen lassen. Setzen Sie geschlossene Fragen für Gesprächsphasen ein, bei denen ein Sachverhalt möglichst schnell auf den Punkt gebracht werden soll.

- *Offene Fragen* ermöglichen eine große Vielfalt von Antwortmöglichkeiten im Sinn des Befragten. Man erkennt sie daran, dass sie mit Fragewörtern eingeleitet werden („W-Fragen“). Sie sind die geeignetste Form, um in Gesprächen dem Gesprächspartner den größten Spielraum für seine Antworten zu geben.

- *Transparenzfragen* werden gestellt, um den Hintergrund eines Sachverhaltes zu erhellen. Mit ihnen fragt man nach Befindlichkeiten, Bedürfnissen und Einstellungen: „Wie zufrieden sind Sie mit dem bisherigen Verlauf des Projektes?“

- Informationen werden mit *Sammelfragen* eingeholt. Sie fragen „in die Breite“. Damit werden das gesamte Thema oder alle zu besprechenden Punkte deutlich: „Welche Punkte sind Ihnen noch wichtig?“ Sammelfragen werden gestellt, um die Themen für ein Gespräch zu erfragen oder möglichst viele Aspekte einer Frage oder eines Themas zu ermitteln.

- Mit *Bearbeitungsfragen* wird ein Thema „in der Tiefe“ erfragt. Sie werden gestellt, um Detailinformationen zu erhalten: „Welche Erfahrungen haben Sie gemacht?“

- Durch *reflektierende Fragen* wird die Antwort des Gesprächspartners so wiederholt, wie Sie es gehört haben: „Wenn ich Sie richtig verstanden habe, dann meinen Sie, dass das Projekt für den Vorstand eine Prestigesache ist.“ Sie geben damit Ihrem Gesprächspartner sofort die Möglichkeit, das, was Sie verstanden haben, zu korrigieren. Sie sind ein Mittel, um Irrtümer und Missverständnisse zu vermeiden. Sie verhindern, dass sich Meinungen festsetzen und später nur schwer zu korrigieren sind.

- *Weiterführende Fragen* bringen neue Gedanken in das Gespräch: „Wenn das die Projektziele sind, was sind dann aus Ihrer Sicht die zu liefernden Ergebnisse?“

- *Rangierfragen* werden eingesetzt, wenn das Gespräch oder die Besprechung auf Nebenthemen abgleitet. „Es gibt noch weitere Aspekte des Projektes, die ich mit Ihnen beleuchten möchte. Können wir jetzt wieder zu den Projektergebnissen zurückkommen?“ Mit ihr machen Sie Ihrem Gesprächspartner deutlich, dass Sie das Gespräch weiterbringen wollen. Sie sollten jedoch vorsichtig eingesetzt werden. Denn sie bergen die Gefahr, dass sie zu früh vom Thema wegführen oder dass sie als Ablenkungsmanöver interpretiert werden.

Nachfragen: Unpräzise Antworten werden klargestellt

Nachfragen klärt Sachverhalte

Aussagen und Antworten Ihres Gesprächspartners auf Fragen sind unklar oder enthalten nicht alle Informationen. Dies liegt nicht an seiner Böswilligkeit. Die Unklarheiten entstehen dadurch, dass jeder Beteiligte in einem Gespräch von seinem Kontext, seiner Vorstellungswelt ausgeht. Er setzt damit Informationen und Sachverhalte bei seinem Gesprächspartner voraus, die dieser nicht kennt. Durch Nachfragen ermöglichen Sie Ihrem Gesprächspartner, seinen Kontext zu erläutern.

Wenn Ihr Gesprächspartner in seinen Aussagen Konjunktive wie „Ich würde …", „Man sollte …", „Wir könnten …" verwendet, dann will er sich nicht festlegen und seine Aussage unbestimmt lassen. Fragen Sie ihn dann: „Was wollen Sie tun?" „Wer soll was genau machen?" „Was müssen/sollten wir tun?"

Verallgemeinerungen sind immer ein Zeichen dafür, dass der Gesprächspartner Dinge unklar formuliert. Sie erkennen Verallgemeinerungen an den folgenden Wörtern: „man", „wir", „alle haben", „nie". Mit den folgenden Fragen können Sie Ihren Gesprächspartner auffordern, konkreter zu werden: „Wer genau hat gesagt/vorgeschlagen?" „Welche Personen sind beteiligt?" „Was bedeutet ‚nie'? In keinem Fall? Unter bestimmten Bedingungen?"

Nachfragen führt zu Übereinstimmung

Substantivierungen sind ebenfalls ein Zeichen dafür, dass Informationen in der Darstellung fehlen. Der Satz „Es gab großen Ärger!" lässt vieles offen. Hier können die folgenden Fragen gestellt werden: „Wer hat sich geärgert?'", „Worüber entstand der Ärger?" und „Wie hat sich der Ärger gezeigt?".

Oft werden Dinge auch nur angedeutet oder konkrete Sachverhalte verallgemeinert. Solche unausgesprochenen Vermutungen, mitschwingende Bedeutungen und Bewertungen lenken die Aufmerksamkeit in eine bestimmte Richtung, ohne dass dies klar ausgesprochen wird. Ein Beispiel dafür ist der Satz: „Aufgrund meiner

Wahrnehmung komme ich zur Vermutung ..." Mit den folgenden Fragen kann die Aussage konkretisiert werden: „Was haben Sie gehört, gesehen?", „Was bedeutet das konkret?" und „Wie beurteilen Sie den Sachverhalt?".

Beim Nachfragen kann der Sprecher unterbrochen werden. Diese Unterbrechung kann mit Formulierungen wie „Darf ich Sie hier unterbrechen, mir ist etwas unklar" eingeleitet und begründet werden. Ziel des Nachfragens ist es, dem Gesprächspartner zu ermöglichen, bestimmte Punkte, Äußerungen, Informationen präziser zu formulieren oder ausführlicher darzustellen.

Es gibt keine falschen Antworten, aber ungeeignete Fragen

Keine ungeeigneten Fragen stellen

In den folgenden Fällen ist es für den Gefragten oft schwierig, auf die Fragen eine Antwort zu finden:

- *Unklare, ungenaue Fragen* zeigen oft, dass sich der Frager über sein Interesse nicht genau im Klaren ist. Sie führen dazu, dass auch der Gefragte unklare oder lückenhafte Antworten gibt.
- *Überzogene, schwierige Fragen* bewirken, dass der Frager einen Oberlehrereindruck macht und so beim Gefragten Widerstand hervorruft.
- *Einfache, selbstverständliche Fragen* zeigen, dass der Frager kein wirkliches Interesse an der Antwort hat. Sie nehmen die Spannung aus dem Gespräch.
- *Ironische Fragen* lösen sofort eine Verteidigungshaltung aus, weil sie dem Gesprächspartner dokumentieren, dass der Frager das Gespräch nicht ernst nimmt.
- *Persönliche und taktlose Fragen* verletzen den Gesprächspartner und führen dazu, dass er sich in seinen Antworten verschließt.

Aktives Zuhören: einfühlend hinhören, während der Gesprächspartner redet

Gute Fragen sind die eine Seite des Auftragsklärungsgespräches. Die Art und Weise, wie Sie zuhören, ist die andere Seite. Sie hat ebenfalls einen großen Einfluss auf den Gesprächsverlauf.

Kontakt herstellen

Indem Sie zuhören, stellen Sie gleichzeitig einen Kontakt zu Ihrem Gesprächspartner her. Einen guten Kontakt zum Gesprächspartner zu haben, bedeutet wahrzunehmen, was in ihm und in Ihnen als Gesprächsführender vorgeht. Aus der Mimik und Gestik des Gesprächspartners können Sie Rückschlüsse auf seine innere Befindlichkeit ziehen. Neben dem, was er sagt, schwingt beim Gesprächsführenden noch eine innere Wahrnehmung mit – Zufriedenheit, Freude, aber auch Unwohlsein und Ärger. Diese innere Wahrnehmung bestimmt unbewusst auch Ihre Einstellung und Haltung zum Gesprächspartner.

Beim passiven Zuhören werden die Aussagen des Gesprächspartners aufgenommen und verstanden. Das aktive Zuhören geht über das passive hinaus.

Beim aktiven Zuhören werden dem Gesprächspartner die mitschwingenden Wahrnehmungen in möglichst offener Form zurückgespiegelt. Der Gesprächspartner hat damit die Möglichkeit, alles anzusprechen, was er denkt und fühlt. Damit können Störungen im Gesprächsverlauf frühzeitig erkannt werden.

Aktives Zuhören heißt, dem Gesprächspartner zu sagen, wie seine Aussage angekommen ist. Sie signalisieren damit, dass Sie die Problemstellung und die Empfindungen Ihres Gesprächspartners verstehen und akzeptieren. Aktives Zuhören verlangt eine große Konzentration, denn Sie müssen vor allem auf die Motive hören, die hinter den genannten Fakten stehen. Aktives Zuhören darf nicht zur Manipulation verwendet werden, indem die Antworten und Reaktionen im eigenen Sinne interpretiert werden. Es ist andererseits auch kein einfaches Nachplappern des Gehörten.

Wenden Sie diese Form der Gesprächsführung *nicht* an, wenn der Gesprächspartner nicht über seine Meinungen und Empfindungen sprechen will oder wenn Sie unter Zeitdruck stehen. Denn aktives Zuhören braucht Zeit, damit der Gesprächspartner sich öffnen kann.

Aktives Zuhören ist angebracht, wenn sich Ihr Gesprächspartner unklar ausdrückt oder der Gesprächsfluss stockt, weil der Gesprächspartner sich nicht mehr am Gespräch beteiligt. Aber auch wenn Ihr Gesprächspartner gefühlsmäßig stark am Thema beteiligt ist. Durch aktives Zuhören können Sie die Gefühle heraushören und ansprechen. Das Gleiche gilt auch bei aus der Sicht Ihres Gesprächspartners heiklen und problematischen Themen.

Regeln des aktiven Zuhörens

Halten Sie beim aktiven Zuhören folgende Regeln ein:

- Lassen Sie Ihren Gesprächspartner ausreden und machen Sie sich Notizen.
- Zeigen Sie durch Ihre Körpersprache Interesse. Nicken, eine zum Gesprächspartner hingewandte Körperhaltung und ein intensiver Blickkontakt signalisieren dies.
- Drücken Sie Ihr Interesse durch zustimmende Äußerungen wie: „ja“, „genau“, „richtig“, „interessant“, „aha“ aus.
- Fassen Sie die wichtigsten Äußerungen zusammen.

Der Gesprächsfaden: die innere Struktur eines Gespräches

Im Gespräch nimmt sich der Gesprächspartner für Sie Zeit. Vor allem in einem Auftragsklärungsgespräch geht die Initiative von Ihnen aus. Ihr Gesprächspartner kann deshalb von Ihnen erwarten, dass Sie gut vorbereitet sind und das Gespräch gut strukturieren. Bewährt hat sich, Gespräche in sechs Schritte zu gliedern. Diese haben im Prinzip die gleiche Logik wie die Prozessschritte, mit denen eine Präsentation strukturiert wird.

Schritt 1: Das Gespräch eröffnen

Atmosphäre gestalten

Die Basis für ein gutes Gespräch legen Sie bereits bei der Vereinbarung des Gesprächstermins. Wenn Sie das Gespräch vereinbaren, teilen Sie Ihrem Gesprächspartner mit, warum für Sie das Gespräch wichtig ist, was Sie im Gespräch erreichen wollen und wie viel Zeit voraussichtlich dafür erforderlich ist. In Ihrer Bestätigung des Gesprächstermins sollten Sie diese Informationen nochmals wiederholen. Ihr Gesprächspartner kann sich dann schon vor dem Gespräch Ihr Anliegen in Erinnerung rufen. In die Bestätigung gehören natürlich auch die folgenden organisatorischen Angaben: Zeit und Ort des Gespräches und, falls es erforderlich ist, ein Hinweis für die Anreise.

In Ihrem Büro oder in einem Besprechungsraum gestalten Sie die Gesprächsatmosphäre. Durch einige Kleinigkeiten können Sie Ihrem Gesprächspartner bereits signalisieren, dass das Gespräch für Sie wichtig ist. Bereitgestellte Getränke zeigen, dass der Gesprächspartner sich wohl fühlen soll. Bereitgelegte Unterlagen sind ein Zeichen dafür, dass Sie sich auf das Gespräch vorbereitet haben.

Kontakt herstellen

Im ersten Prozessschritt stellen Sie den Kontakt mit Ihrem Gesprächspartner her. Fallen Sie nicht mit der Tür ins Haus – der Smalltalk zu Beginn eines Gespräches hat eine wichtige Funktion: Sie schaffen damit Beziehungs- und Anknüpfungspunkte.

Gespräch eröffnen

Durch die folgenden Punkte geben Sie dem Gespräch einen guten Start:

- Eröffnen Sie als Gesprächsführender das Gespräch immer positiv.
- Nehmen Sie Blickkontakt mit dem Gesprächspartner auf und sprechen Sie ihn mit dem Namen an.
- Zeigen Sie persönliches Interesse am Gesprächsgegenstand.
- Vermitteln Sie ihrem Gesprächspartner das Gefühl, dass Sie an ihm als Person interessiert sind.
- Bringen Sie sich selbst mit Ihren Wünschen, Gefühlen und Empfindungen in das Gespräch ein.
- Geben Sie Ihrem Gesprächspartner Gelegenheit, sich auf das Gespräch einzustellen. Gehen Sie erst danach zum Gesprächsgegenstand über.

Übergang zum Thema

Nach einigen Minuten werden Sie merken, dass sich ein Gesprächsfluss herausbildet. Dies ist dann der richtige Zeitpunkt für die Überleitung zum Thema des Gespräches. Dieser Übergang kann folgendermaßen gestaltet werden:

- Erstens, indem Sie den zentralen Punkt des Gespräches benennen: „Ziel unseres heutigen Gespräches ist es, die Details des Projektauftrages zu besprechen."

- Zweitens, indem Sie nochmals den Anlass für das Gespräch erläutern: „Bei der Projektplanung habe ich festgestellt, dass ich noch nicht alle erforderlichen Angaben habe. Aus diesem Grund habe ich Sie um das Gespräch gebeten."
- Und drittens, indem Sie die Bedeutung des Themas darstellen: „Dieses Gespräch ist für mich sehr wichtig. Ohne die Klärung der Details zum Auftrag kann ich Ihnen kein Angebot erstellen."

Schritt 2: Orientierung geben

Nach diesem Prozessschritt haben Sie ein gemeinsames Verständnis über den Gesprächsgegenstand. Machen Sie Ihrem Gesprächspartner in diesem Schritt deutlich, welche Informationen Sie benötigen oder welche Entscheidungen gefällt werden müssen. Gemeinsam mit dem Gesprächspartner entsteht dann eine Liste der zu besprechenden Punkte. Am Ende des Gespräches kann diese genutzt werden, um festzustellen, ob alle Punkte besprochen sind.

Schritt 3: Sachverhalte klären und Informationen einholen

Dieser Prozessschritt ist der Hauptteil des Gespräches. Er nimmt den größten Raum ein. Ziel ist es, die vereinbarten Punkte zu besprechen. In einem Auftragsklärungsgespräch werden viele Sachfragen geklärt. Dokumentieren Sie die Informationen so, dass sie auch noch nach dem Gespräch verfügbar sind.

Fragen stellen und Antworten visualisieren

Informationen werden besser aufgenommen, wenn sie neben dem gesprochenen Wort auch visualisiert sind. Insbesondere werden bei Auftragsklärungsgesprächen viele Informationen erfragt, die nach dem Gespräch noch verfügbar sein müssen. Der Gesprächspartner sollte jedoch sehen, welche Notizen Sie sich machen. Setzen Sie sich deshalb so, dass der Gesprächspartner sehen kann, was Sie mitschreiben. Mit der Mitschrift haben Sie dann gleich ein Protokoll oder eine gemeinsame Gesprächsnotiz.

Schritt 4: Bilanz ziehen

Ergebnisse zusammenfassen

Im Verlauf eines Gespräches werden viele Dinge angesprochen. Durch die Mitschrift haben Sie die für Sie wichtigen Punkte notiert. Das ist das Ergebnis des Gespräches. Es kann sein, dass Ihr Gesprächspartner davon ein anderes Bild hat oder für ihn andere Punkte wichtig waren als für Sie. Mit einer Zusammenfassung der

Gesprächsergebnisse stellen Sie sicher, dass Sie und Ihr Gesprächspartner die gleiche Vorstellung von dem Ergebnis haben. Gleichzeitig bereiten Sie damit auch das Ende des Gespräches vor. „Aus meiner Sicht haben wir jetzt alle Punkte besprochen. Ich fasse jetzt die Ergebnisse unseres Gespräches nochmals zusammen."

Schritt 5: Aktivitäten planen
Im vorletzten Schritt werden konkrete Aktivitäten vereinbart, beispielsweise, wie mit den Informationen verfahren wird. Dies kann von der Zusendung der mitgeschriebenen Antworten zur Korrektur bis hin zur Prüfung der Informationen im Auftrag reichen. Nach dieser Phase sollen alle am Anfang des Gespräches aufgeworfenen Fragen angesprochen sein.

Schritt 6: Das Gespräch abschließen
Zu einem Gespräch gehört der Beginn genauso wie der Abschluss. Der letzte Prozessschritt ist eine Gelegenheit, um sich über den Verlauf und die Zufriedenheit mit den erzielten Ergebnissen auszutauschen. In dieser Phase wird das Gespräch abgeschlossen, und der Gesprächsführende verabschiedet sich vom Gesprächspartner.

Einstellung und Haltung: zwei indirekte Einflussfaktoren im Gespräch

Ihre innere Einstellung und Haltung zum Gesprächspartner und zum Gespräch bestimmen indirekt auch dessen Verlauf.

Die innere Einstellung und Haltung drückt sich in Bildern, Gefühlen und Stimmungen aus. Diese bestimmen, wie Dinge der Umwelt wahrgenommen und interpretiert werden.

Rational können wir die Einstellung und Haltung meist gar nicht beschreiben. „Welches Bild habe ich von meinem Gesprächspartner und in welcher Stimmung bin ich gerade?" Das sind zwei Fragen, mit denen Sie etwas über Ihre innere Einstellung zum Gespräch erfahren können.

Sechs Faktoren bestimmen den Gesprächsverlauf

In einem Gespräch haben Sie sechs Stellschrauben, mit denen Sie das Gespräch positiv beeinflussen können:

Für den Gesprächspartner interessieren

- Eine *offene Haltung* zeigt, dass Sie an Ihrem Gesprächspartner und seinem Thema interessiert sind. Halten Sie dagegen wichtige Informationen zurück oder reden Sie um den heißen Brei herum und teilen Ihre eigenen Gefühle nicht mit, dann wird der Gesprächspartner misstrauisch und bleibt verschlossen. Die innere Haltung wird vor allem durch die nonverbalen Signale – durch Körpersprache, Gestik und Mimik – wahrgenommen.

- Gespräche werden in unterschiedlichen Rollen geführt, aber beide Gesprächspartner befinden sich dabei auf *gleicher Augenhöhe.* Sie zeigt dem Gesprächspartner, dass Sie ihm gegenüber nicht überlegen, sondern gleichberechtigt sind.

- Eine *aktive Rolle* im Gespräch drückt aus, dass Sie sich für das Gespräch und dessen Ergebnisse interessieren und verantwortlich fühlen. Sie wird dann deutlich, wenn Sie die Ideen und Beiträge des Gesprächspartners aufgreifen und weiterführen. Dagegen ist eine passive Rolle immer auch ein Zeichen von Desinteresse am Thema und der Person.

- Eine *einfühlende Haltung* im Gespräch ist die Voraussetzung dafür, dass Sie Zwischentöne und Stimmungen im Gespräch wahrnehmen. Sie zeigt Ihrem Gesprächspartner, dass Sie an seiner Person, seinen Zielen, Bedürfnissen und Gefühlen interessiert sind.

- Mit einer Haltung, die dem Gesprächspartner ermöglicht, *seine Sicht des Problems in das Gespräch* einzubringen, zeigen Sie Ihre Offenheit für seine Lösungen. Dagegen drückt eine geschlossene Haltung die unbewusste Einstellung aus, dass Sie die Position Ihres Gesprächspartners nicht akzeptieren.

- *Spontaneität* ist der Ausdruck der folgenden inneren Einstellung: „Ich lasse mich von den Beiträgen meines Gesprächspartners überraschen und bin bereit, darauf einzugehen." Diese Einstellung ist die Voraussetzung dafür, dass im Gespräch Ideen und Lösungen gefunden werden.

„Man"-Sätze

Ich meine, „du" solltest „ich" sagen!

„Man versteht sehr schlecht, was Sie sagen wollen, wenn Sie so leise reden." Der unpersönliche „Man"-Satz drückt Distanz aus. Mit einem persönlichen „Ich"-Satz bringt sich der Gesprächsführer als Person in das Gespräch ein. Er gibt wieder, wie er das Verhalten seines Gesprächspartners erlebt. Diese Formulierung lässt den Handlungsspielraum offen, und der Gesprächspartner fühlt sich nicht angegriffen oder bei einem Fehler ertappt. Besonders stark werden die Angriffe in „Du"- oder „Sie"-Sätzen empfunden. Der Satz „Sie reden zu leise!" gibt dem Gesprächspartner alleine die Schuld dafür, dass er nicht verstanden wird.

Ich-Aussagen

Ich-Aussagen dagegen wirken weniger bedrohlich, weil sie nur die Wirkung schildern, aber nicht die Ursache benennen. „Ich"-Aussagen sind aufrichtiger und ermuntern dadurch den Gesprächspartner ebenfalls dazu, „Ich"-Aussagen zu machen. Dies fördert die gegenseitige Offenheit im Gespräch. Mit dieser Form einer persönlichen Botschaft bringen Sie den Gesprächspartner auch nicht in die unangenehme Lage, sich für seine Handlungen und Aussagen zu rechtfertigen. Der Gesprächspartner kann bei einer „Ich"-Aussage immer selbst entscheiden, ob er dafür die Verantwortung übernimmt oder nicht.

Gesprächsvorbereitung: der beste Weg zu einem guten Gespräch

Zeitdruck und ungeplante Aktivitäten sind meist der Grund dafür, dass ein Gespräch unvorbereitet geführt wird. Die Vorbereitung ist jedoch ein wichtiger Schritt zu einem guten und effektiven Gespräch. Durch die Vorbereitung stellen Sie sich bereits mental auf das Gespräch ein. Es entsteht ein Bild des Gespräches, die Themen werden konkreter, und die Gesprächsstruktur wird deutlicher. Die folgenden Fragen helfen Ihnen Ihre Gespräche gut vorzubereiten:

Fragen zur Vorbereitung

- Über welche Themen muss ich mit dem Gesprächspartner sprechen?
- Was weiß ich schon über die Themenfelder, und an welchen Punkten benötige ich detailliertere Informationen oder möchte ich meine Informationen bestätigt haben?
- Welche Fragen muss ich stellen, um etwas über Stolpersteine, Fallen und informelle Aspekte des Projektes beim Auftraggeber zu erfahren?
- Was will ich nach dem Gespräch erreicht haben?
- Welche Schwierigkeiten/Probleme erwarte ich im Gespräch?
- Was ist meine innere Einstellung zum Thema und zum Gesprächspartner?
- Mit welcher Stimmung gehe ich in das Gespräch?

4. Verhandlungen im Projekt: fair zum Partner – hart in der Sache

Verhandeln ist nicht die schlechteste Form des Handelns.

William Penn Adair „Will“ Rogers,
1879–1935, amerikanischer Humorist

Die erste Version des Projektplans ist fertig. In den Auftragsklärungsgesprächen ergaben sich viele zusätzliche Aspekte, an die Sie nicht gedacht haben. Dafür waren aber andere Punkte, bei denen Sie Fallen und Stolpersteine vermutet hatten, harmlos. Wenn Sie das Projekt so realisieren, wird es eine gute Lösung für den Kunden. Davon sind Sie fest überzeugt.

Verhandlungsgeschick

Aber eine Hürde ist noch zu nehmen: Der Preis, die Konditionen für das Projekt sind noch nicht verhandelt. Und nun ist Ihr Verhandlungsgeschick gefragt. Aber was ist Verhandlungsgeschick? Wenn man wie beim Poker den höchsten Preis verlangt und, ohne eine Miene zu verziehen, hinzufügt: „Das ist mein letztes Angebot! Darunter kann ich das Projekt nicht realisieren“? Damit gehen Sie ein hohes Risiko ein. Der Auftraggeber wird sich vielleicht einen anderen Bieter oder einen anderen Projektleiter suchen. Und ist es eine gute Taktik, wenn man mit einem kleinen Preis beginnt und dann schrittweise immer noch ein Stück nachschiebt? Aber auch hier kann man nicht sicher sein, dass der Auftraggeber diese Taktik mitmacht.

Win-Win-Situation anstreben

Am besten wäre es, wenn man einen für beide Seiten fairen Preis aushandeln könnte. So hoch, dass das Projekt gut zu realisieren ist, aber gleichzeitig so niedrig, dass der Auftraggeber den Preis mit seinem Budget vereinbaren kann. Eine typische Win-Win-Situation! Bevor diese erreicht ist, steht jedoch ein langer, nicht einfacher Weg vor Ihnen.

Bei einer Verhandlung müssen Sie Lösungen für die folgenden Fragen finden:

- Welche innere Einstellung unterstützt oder behindert die Verhandlung?
- Welche Verhandlungsstrategie ist die richtige?
- Wie kann die Verhandlung optimal vorbereitet werden?
- Gibt es Techniken, die bei der Verhandlungsführung eingesetzt werden können? Und welche sind hilfreich?

Verhandlungsmanagement: hart, aber herzlich

Verhandlungsmanagement

Projektmanagement ist zu einem großen Teil Verhandlungsmanagement. Dazu zählen nicht nur die Verhandlungen, bei denen der Preis für das Projekt, das Budget, die Ressourcen und Termine ausgehandelt werden. Als Projektleiter verhandeln Sie auch um viele kleine Dinge: mit Mitarbeitern um Sondereinsätze, mit Zulieferern um Termine, mit Behörden um Genehmigungen und bei jeder Änderung im Projekt mit Ihrem Auftraggeber.

Eine erfolgreiche Verhandlung hat keinen Verlierer. „Sei fair zu deinem Verhandlungspartner, aber hart in der Sache." Das ist die Grundaussage des Harvard-Konzepts für Verhandlungen. Die Kunst beim Verhandeln ist, die Interessen beider Parteien am Ende auf einen gemeinsamen Nenner zu bringen. Damit können sich dann beide Parteien als Gewinner fühlen. Das Verhandlungsergebnis ist umso besser, je größer dieser gemeinsame Nenner ist. Verhandeln können zwei Parteien jedoch nur, wenn sie bereit sind, ihre Bedingungen zu verändern und sich auf Kompromisse zu einigen. Erfolgreiche Verhandlungsführung heißt, auf den gegenseitigen Nutzen hinzuarbeiten.

Verhandeln ist eine wechselseitige Kommunikation zwischen zwei oder mehr Partnern mit dem Ziel, eine verbindliche Übereinkunft zu erreichen. Beide Verhandlungspartner haben dabei sowohl gemeinsame als auch gegensätzliche Interessen. Erfolgreich ist eine Verhandlung dann, wenn die Verhandlungslösung so gut wie möglich die Interessen der beiden Verhandlungsparteien berücksichtigt.

Die Ausgangslage: Klarheit über die eigenen und fremden Interessen gewinnen

Jede Partei in einer Verhandlung verfolgt ihre eigenen Ziele. Auch Sie, der Projektleiter, haben ein Ziel: Der Preis für die Realisierung des Projektes soll so hoch sein, dass für das Unternehmen noch ein guter Gewinn erzielt wird. Oder wenn es ein unternehmensinternes Projekt ist, soll das Budget möglichst hoch sein. Sie treffen auf den Auftraggeber, der ein anderes Ziel verfolgt. Er hat für die Realisierung des Projektes ein Budget zur Verfügung, das er möglichst nicht überschreiten möchte.

Ausgangssituation

Betrachten wir die Situation aus Ihrer Sicht. Prinzipiell können Sie immer eine der drei folgenden Situationen vorfinden:

1. Der Auftraggeber verfolgt das gleiche Ziel wie Sie. Sein Budget ist so hoch wie der Preis, den Sie verlangen. Hier haben Sie Glück, denn dann gibt es nichts zu verhandeln.

2. Der Auftraggeber hat nur ein bestimmtes Budget zur Verfügung, das er nicht überschreiten kann. Das Budget des Auftraggebers ist jedoch geringer als der Preis, den Sie verlangen müssen. Auch hier gibt es nichts zu verhandeln, wenn der Projektumfang nicht verringert werden kann.

3. Sie und Ihr Auftraggeber verfolgen zwar unterschiedliche Ziele, aber sowohl Sie als auch der Auftraggeber haben Verhandlungsspielraum. Sie können auf einen großen Teil des Gewinns ver-

zichten. Der Auftraggeber kann die Funktionalität reduzieren oder hat noch eine Reserve im Budget.

Zwei Gewinner

Bei einer Verhandlung müssen beide Parteien gewinnen können. Eine solche Situation bezeichnet man als Win-Win-Situation. Kann nur eine Partei in der Verhandlung gewinnen, dann handelt es sich um eine Win-Lose-Situation. Letztere entsteht dann, wenn eine Partei ihre Interessen durchsetzt, die andere aber im Nachhinein feststellt, dass sie einen zu hohen Preis bezahlt hat. Es gibt auch Lose-Lose-Situationen. Fordert der Auftraggeber die Realisierung des Projektes zu einem Termin, der selbst mit allen Anstrengungen nicht eingehalten werden kann, dann verliert der Projektleiter, weil er das Projekt in den Sand gesetzt hat, und der Auftraggeber, weil er nicht das gewünschte Ergebnis bekommt.

Man verhandelt also, um die eigenen Interessen so gut wie möglich durchzusetzen. Jedoch nicht um den Preis, dass dadurch die andere Partei geschädigt wird. Beide Parteien sollten am Ende der Verhandlung sagen können: Wir haben so viel als möglich herausgeholt!

Gemeinsam eine Lösung finden

Bei Verhandlungen gibt es keine objektiv guten oder objektiv schlechten Lösungen. Die Lösung entsteht durch die Verhandlung selbst. Beide Parteien erarbeiten sie miteinander, und sie ist das gemeinschaftliche Ergebnis der Verhandlung. Dazu müssen aber beide, obwohl sie ganz unterschiedliche Interessen verfolgen, gemeinsam – und nicht gegeneinander – an dieser Lösung arbeiten. Faires Handeln ist dafür die Voraussetzung.

Nicht über alles kann oder muss verhandelt werden. Erst nachdem für beide Parteien die Ausgangssituation klar ist, können sie entscheiden, ob sie verhandeln wollen und können.

Voraussetzungen

Verhandeln Sie nur dann, wenn die folgenden Voraussetzungen vorliegen:

- Sie und Ihre Verhandlungspartner wollen oder müssen sich einigen.
- Keine der Parteien fordert von der jeweils anderen etwas, was diese nicht erfüllen kann.
- Es gibt sich widersprechende, aber auch gemeinsame Interessen.

- Es gibt viele Gesichtspunkte und Aspekte, die eine Rolle spielen – und damit viele Ansatzpunkte, eine für beide Parteien gewinnbringende Lösung zu finden.

Die emotionale Seite

Verhandlungen werden auf einer sachlichen Ebene geführt. Dabei schwingt aber immer eine emotionale Seite mit. Es gibt Ängste, Aggression, Enttäuschung und Freude. Es ist das, was man „mit dem Bauch" fühlt. Durch die Art und Weise der Körperhaltung, des Gesichtsausdruckes und durch den Blickkontakt übermitteln wir bewusst oder unbewusst dem Verhandlungspartner, wie wir uns fühlen. Die Gefühle verraten oft mehr über die eigentlichen Interessen als die Worte. Oft ist es auch Teil einer Verhandlungstaktik, die andere Partei bewusst im Unklaren zu lassen. Das berühmte „Pokerface" besteht darin, die Gefühle hinter der Körpersprache zu verbergen.

Im positiven Sinne wird auf der emotionalen Ebene Vertrauen aufgebaut, für ein positives Klima gesorgt und dem Verhandlungspartner Wertschätzung entgegengebracht. Im negativen Sinne können jedoch auf der emotionalen Ebene Ängste geweckt, Misstrauen gesät und Unsicherheit erzeugt werden.

Das innere Verhandlungsteam: Unsere Gefühle verhandeln mit

Wenn Sie Menschen sehr aufmerksam beobachten, werden Sie feststellen, dass ihre Art, sich zu verhalten, in verschiedenen Situationen sehr unterschiedlich sein kann. Der freundliche und nette Gesprächspartner beim Auftraggeber kann in der Verhandlung plötzlich bösartig und bissig werden. Sie selbst sind von diesem Phänomen nicht verschont. In Ihrem Unternehmen sind Sie als gesprächsgewandter Verhandlungsführer bekannt. Durch Zufall erfährt Ihr Lebenspartner davon und sagt zu Ihnen: „Ich wusste gar nicht, dass du so gut reden kannst. Zu Hause sieht es so aus, als wäre dir jedes Wort zu viel."

Modell des inneren Teams

Wir sind nach außen hin zwar eine Person, aber unser Inneres hat viele Aspekte. Schulz von Thun bezeichnet dies als unser „inneres

Team". Sein Modell geht von der Vorstellung aus, dass das „Ich" ein Gebilde von vielfältigen Vorstellungen und Einstellungen ist, die oft sogar im Gegensatz und Widerspruch zueinander stehen.

Mit dem Begriff „inneres Team" werden die verschiedenen Einstellungen und Haltungen, die eine Persönlichkeit ausmachen, bezeichnet. Sie sind seelische Einheiten, die sich bei bestimmten Gelegenheiten melden und einen inneren Raum einnehmen.

Ein Beispiel zeigt, wie die inneren Teammitglieder agieren: Ein Projektleiter bittet seine Assistentin, eine private Besorgung für ihn zu erledigen. Vielleicht reagiert sie ganz spontan und sagt: „Ja, selbstverständlich, mache ich doch gerne." In einer anderen Situation reagiert sie eher ablehnend und sagt: „Ich würde es gerne tun, aber ich muss noch ganz dringend den Bericht fertig schreiben." Oder sogar: „Dafür bin ich nicht zuständig. Das müssen Sie schon selbst erledigen."

Botschaften sind Gedanken, Gefühle und Bedürfnisse, die sich durch einen Ausdruck oder einen Satz beschreiben lassen. Im ersten Fall unseres Beispiels könnte die Botschaft des inneren Teammitglieds lauten: „Es ist schön, dass ich jemand helfen kann." Im zweiten Fall: „Das sehe ich nicht ein."

Namen charakterisieren das innere Teammitglied. Es sind Bezeichnungen für einen ganz bestimmten Typ von Einstellungen und Haltungen. In unserem Beispiel gibt es drei innere Teammitglieder: die „Hilfsbereite", die „Ablehnende" und die „Widerspenstige". Das innere Team der Assistentin ist in Abbildung 7 dargestellt.

Teambesetzung

In Verhandlungen müssen Sie sich bewusst sein, dass je nach der Verhandlungssituation sich immer wieder andere innere Teammitglieder angesprochen fühlen und in den Vordergrund treten. Es gibt keine generelle Teambesetzung. Jeder hat seine eigenen Teammitglieder, die seine individuellen Einstellungen und Haltungen repräsentieren.

Abbildung 7: Nach außen sind wir eine Person, nach innen jedoch ein Team von unterschiedlichen Persönlichkeiten

Eine innere Teambesetzung in einer Verhandlung könnte so aussehen:

- Die *Sachliche* ignoriert alle emotionalen Zwischentöne und konzentriert sich auf den Inhalt der Botschaften. Ihr Motto lautet: „Die Sache hat Vorfahrt!"

- Die Devise der *Vorsichtigen* ist: „Ja nicht zu viel fordern, man könnte ja den Kürzeren ziehen." Sie vermutet immer, dass der Verhandlungspartner die besseren Karten hat.

- Das Motto der *Forschen* ist: „Mir kann nichts passieren." Sie konfrontiert die Gegenseite mit Forderungen und erwidert jede Forderung mit einer Gegenforderung.

- Die *Misstrauische* sieht hinter jedem Vorschlag des Verhandlungspartners einen Haken. Ihr Handeln lässt sich durch das Sprichwort „Vertrauen ist gut, Kontrolle ist besser" beschreiben.

- Für die *Ausgewogene* steht hinter jeder Aussage ein „Ja, aber". Sie sieht immer die Vor- und Nachteile eines jeden Vorschlags.

- „Wie könnte ich meinem Gegenüber nur helfen?" Die *Verständnisvolle* kann sich gut in die Lage eines anderen einfühlen. Sie vertritt die Sichtweise des Verhandlungspartners. „Ich verstehe ihn so gut!"

- Die *Gutmütige* sieht in jedem Vorschlag des Verhandlungspartners ein gutes Angebot. „Es wird schon gut gehen!" Das ist eine ihrer typischen Aussagen.

Ihr inneres Verhandlungsteam kann ganz anders besetzt sein. Einige Teammitglieder werden fehlen, dafür gibt es andere, die im Team nicht enthalten sind. Es gibt kein ideales inneres Verhandlungsteam! Jedes Team ist individuell zusammengesetzt und erfüllt in dieser Zusammensetzung seine Funktion. Keines der Teammitglieder ist überflüssig. Jedes Teammitglied hat seine Rolle und sorgt dafür, dass wir keinen Fehler machen. Eine besondere Rolle beim sachbezogenen Verhandeln spielt die Sachliche. Sie sollte in Ihren Verhandlungen immer die Hauptrolle spielen.

Die Verhandlung: der gemeinsame Weg zur Lösung

Verhandlungsprozess und Verhandlungsstil

Es gibt bei Verhandlungen keinen klar definierten, von den Verhandlungsparteien akzeptierten Prozess und Rahmen für die Verhandlung. Durch die Ausgestaltung des Prozesses und des Verhandlungsrahmens kann die eine oder die andere Seite einen Vorteil haben oder zumindest glauben, dass sie einen hätte. Es werden deshalb immer zwei Dinge verhandelt: der Verhandlungsgegenstand, dasjenige, um das es in der Verhandlung geht, aber immer auch darum, wie verhandelt wird. Der Verhandlungsprozess und der Verhandlungsstil bestimmten, wie beide Parteien miteinander sprechen.

Jeder Verhandlungspartner will seine Interessen durchsetzen. Die Herausforderung dabei ist jedoch, gleichzeitig eine Beziehung zum Verhandlungspartner aufzubauen. Sie ist notwendig, um eine gemeinsame Basis für die Verhandlung zu schaffen. Noch viel notwendiger braucht man die gute Beziehung für die Zeit nach der Auftragserteilung. Kein Projekt lässt sich ohne die Mithilfe des Auftraggebers realisieren. Je stärker und unerbittlicher über Positionen gehandelt und gefeilscht wird, umso größer ist die Gefahr, dass sich die Parteien nach der Verhandlung nicht mehr verstehen. Oder noch schlimmer: Die Parteien versuchen nach der Verhandlung, die Positionen wieder zu korrigieren.

Jede Seite hat subjektiv Recht

Jeder Verhandlungspartner sieht die Sache so, wie er sie nun mal sieht. Versetzen Sie sich in die Vorstellungswelt Ihres Verhandlungspartners. Dies ist keine leichte Aufgabe, da die eigenen Vorstellungen dazu verleiten anzunehmen, der Verhandlungspartner verstehe die Sache so wie man selbst. Sie müssen verstehen, was die andere Seite bewegt und welche Emotionen damit verbunden sind. Den Standpunkt der anderen Seite zu verstehen, heißt noch nicht, dass man damit auch einverstanden ist. Während der Verhandlung verstehen die Verhandlungsparteien mehr und mehr die Sicht der jeweils anderen Seite. Je mehr sie miteinander verhandeln, desto näher kommen sie sich!

Fragen helfen

Oft verletzt man, ohne es zu merken, durch die eigene Position Grundbedürfnisse der Gegenseite. Hinter einem hohen Preis kann auch das Bedürfnis nach Anerkennung stehen. Durch Fragen bekommen Sie heraus, warum Ihr Verhandlungspartner Ihrer Position nicht zustimmen kann und welche seiner Interessen dagegenstehen. Verhandlungen kommen oft dadurch nicht weiter, dass sich der Verhandlungspartner nicht anerkannt fühlt. Hier nutzen die Fragetechniken, die Sie bereits im zweiten Kapitel kennen gelernt haben. Das heißt, zu Beginn offene Fragen stellen und bei mehrdeutigen und unklaren Punkten die Sachverhalte durch Nachfragen klären.

Die Interessen der Gegenseite zu erfragen, ist die eine Seite. Die andere ist, die eigenen Interessen der Gegenseite zu verdeutlichen. Je besser es gelingt, der Gegenseite die eigenen Interessen zu verdeutlichen, umso besser gelingt es auch, deren Position zu verstehen.

Verhandlungsprozess: das Richtige zum richtigen Zeitpunkt verhandeln

Verhandlungen sind sehr formale Gesprächssituationen. In der Verhandlung sitzen sich die Verhandlungsparteien gegenüber. Im einfachsten Fall sind dies zwei Personen. Bei großen Verhandlungen sind es Verhandlungsdelegationen. Charakteristisch dabei ist, dass die Verhandlungsparteien immer geschlossen sprechen. Zumindest sollten sie dies tun. Es geht nicht um die Einzelmeinungen der beteiligten Personen, sondern immer um die Meinung der ganzen Partei. Dabei hat der Verhandlungsprozess sechs Prozessschritte.

Schritt 1: Verhandlung eröffnen

Positives Klima

Die Eröffnung einer Verhandlung ist ein Ritual. Durch die Art und Weise, wie die Verhandlungsführer dies tun, demonstrieren sie ihre Position und auch ihre Stärke. Gleichzeitig werden im ersten Prozessschritt aber auch Hemmungen abgebaut, und die Verhandlungsparteien lernen sich gegenseitig kennen.

Abtasten

Der erste Schritt im Verhandlungsprozess ist eine Phase des gegenseitigen Abtastens. Man versucht herauszufinden, was der Verhandlungspartner denkt, wie er reagiert und in welcher Form er kommuniziert. Mit diesem Schritt machen Sie Ihr Gegenüber in der Verhandlung zum Partner für eine gemeinsame Problemlösung. Der Beziehungsaufbau kann auch schon vor der Verhandlung beginnen. Finden Sie die Dinge heraus, die Sie mit dem Verhandlungspartner verbinden. Hierdurch entsteht Vertrauen.

Eröffnung einer Verhandlung

Nutzen Sie die Verhandlungseröffnung für die folgenden Botschaften:

- Signalisieren Sie durch Ihren Eröffnungsbeitrag einen positiven Einstieg in die Verhandlungen!
- Erfragen Sie die Bedürfnisse des Verhandlungspartners und beantworten Sie dessen Fragen ausführlich.
- Versetzen Sie sich in die Lage des Verhandlungspartners.
- Stellen Sie zu Beginn der Verhandlung Fragen, mit denen Sie die Ausgangssituation erkunden können.

- Sprechen Sie über Ihre Vorstellungen und Interessen. Geben Sie dem Verhandlungspartner einen Einblick in Ihre Sicht auf den Verhandlungsgegenstand.
- Verdeutlichen Sie unverrückbare Rahmenbedingungen. Dies hilft herauszufinden, was verhandelt werden kann und was nicht.
- Machen Sie dem Verhandlungspartner klar, dass *er und Sie* für die Lösung und den Erfolg der Verhandlung verantwortlich sind.

Schritt 2: Verhandlungsrahmen festlegen

Im zweiten Prozessschritt handeln Sie mit Ihrem Verhandlungspartner den formalen Rahmen aus. Dadurch entsteht ein gemeinsames Bild davon, wie die Verhandlungen geführt werden. Die Ausgestaltung dieses Schrittes hängt stark vom Verhandlungsgegenstand ab. Bei Projekten in der eigenen Organisation kennt der Projektleiter die Verhandlungspartner. In vielen Fällen gibt es hier ein festes, meist unausgesprochenes Verhandlungsritual. Dagegen bildet sich bei einer Verhandlung mit einem externen Partner erst ein Verhandlungsstil heraus.

Fragen stellen

Mithilfe der folgenden Fragen definieren Sie den formalen Rahmen der Verhandlung:

- Was ist der Anlass der Verhandlung, und welche Bedeutung hat das Ergebnis für die Verhandlungsparteien?
- Welche Kompetenzen haben die Parteien in der Verhandlung? Wie bindend ist das Ergebnis der Verhandlung? Wer muss dem Ergebnis noch zustimmen, damit es bindend ist?
- Was ist das gemeinsame Ziel?
- Was sind die Verhandlungspunkte oder Themen?
- Wie ist der Ablauf der Verhandlungen, und welche Verhandlungstermine müssen geplant werden?
- Wie wird die Verhandlung dokumentiert?
- Welche Regeln sind für die Verhandlung erforderlich oder hilfreich?

Verhandlungspunkte

Ein gutes Hilfsmittel für die Strukturierung der Verhandlung ist eine Liste der Verhandlungspunkte. Mit ihr haben beide Parteien immer auch einen Überblick über den Stand der Verhandlungen. Die Verhandlungsliste wird von den Verhandlungsführern gemeinsam erstellt und nach jedem Verhandlungsschritt aktualisiert.

Schritt 3: Verhandeln

Interessen statt Positionen verhandeln

Jede Partei in der Verhandlung hat zu jedem Verhandlungspunkt ihre eigenen Interessen und Positionen. Zwischen den Verhandlungsinteressen und den Verhandlungspositionen gibt es einen wichtigen Unterschied. Die Verhandlungsinteressen sind dasjenige, was jede Partei durchsetzen will. Die Verhandlungspositionen sind die Mittel, mit denen die Interessen durchgesetzt werden sollen. Die Verhandlungsinteressen sind die Antworten auf die Frage: „Was will ich erreichen?“ Die Verhandlungsposition ist die Antwort auf die Frage: „Wie will ich es erreichen?“

Die Interessen in den Mittelpunkt stellen heißt nicht, die Positionen in der Verhandlung ignorieren, sondern sie als Ausgangspunkt für eine gemeinsame Position zu nehmen. Beide Parteien tun dies, indem sie die Position des jeweils anderen Partners erfragen und ihre eigene Position darstellen. Nur so wird klar, was eigentlich verhandelt werden muss. Position beziehen heißt auch nicht, auf der Position zu beharren. Es muss immer auch signalisiert werden, dass man bereit ist, die Position zu verändern. Wenn Positionen nicht verändert werden können, dann müssen die Verhandlungen eskaliert werden. Eskalationen sind immer dann möglich, wenn die verhandelnden Parteien im Auftrag einer Organisation handeln. Durch die Eskalation übernehmen dann in der Hierarchie höher gestellte Vertreter die Verhandlung. Diese haben durch ihre größere Entscheidungskompetenz oft einen anderen Spielraum für die Lösung.

Lösungen im Interesse beider

Bei der Lösungsfindung steht die folgende Frage im Mittelpunkt: „Durch welche Lösungen könnten die Interessen beider Parteien abgedeckt werden?“ Verhandeln heißt dann: Die Lösungsoptionen daraufhin abzuwägen und zu bewerten, inwieweit sie den gemeinsamen Interessen dienen. Eine Einigung entsteht dadurch, dass eine Lösung gefunden wurde, in der beide Parteien möglichst große Anteile ihrer Interessen wiederfinden. Insbesondere bei komplexen Problemen ist es gut, immer wieder eine Zwischenbilanz zu ziehen. Sie macht für jede Partei deutlich, was schon geschafft und was noch offen ist. Manchmal hilft es auch, scheinbar nicht lösbare Probleme zu vertagen – insbesondere dann, wenn sich die Diskussionen im Kreis drehen und es nicht vorwärts geht. Und oft reicht auch schon eine Pause!

Lösungsfindung

Die folgenden Einstellungen helfen bei der Lösungsfindung:
- Erkennen Sie die Interessen der Gegenseite an.
- Schreiben Sie die Interessen auf, die im Spiel sind.
- Stellen Sie das Problem erst dar, bevor Sie antworten.
- Schauen Sie nach vorne, nicht nach hinten.
- Seien Sie bestimmt, aber flexibel.
- Nutzen Sie Verhandlungstechniken, um Lösungen zu entwickeln.

Verhandlungsstrategien

Mit folgender Strategie erzielen Sie schnell erste Erfolge: Zuerst werden die Punkte verhandelt, bei denen beide Parteien eine leichte Einigung vermuten. Hierdurch sammeln beide Parteien Erfahrungen in der gemeinsamen Lösungsfindung. Durch die erzielten Vereinbarungen wird auch schrittweise das Vertrauen in die jeweils andere Partei gestärkt. Damit schaffen sich beide Parteien eine gute Basis für die Besprechung der schwierigen Verhandlungspunkte.

Eine andere Strategie ist es, sich an der Sachlogik des Verhandlungsgegenstandes zu orientieren. Damit ist sichergestellt, dass Abhängigkeiten der einzelnen Punkte beachtet werden. Punkte, bei denen sich beide Parteien nicht einigen können, werden ausgeklammert und auf das Ende der Verhandlung verschoben. Für die ausgeklammerten Punkte finden Verhandlungsparteien oft besser eine Lösung, wenn das Gesamtwerk schon vereinbart ist.

Eine dritte Strategie ist, ganz bewusst den schwierigsten Punkt zuerst zu klären. Damit wird meist ein gordischer Knoten durchschlagen. Die Lösung der restlichen Punkte ist dann häufig sehr einfach.

Schritt 4: Beschlüsse fassen

Ergebnisse protokollieren

Dies ist ein formaler, aber wichtiger Schritt. Hier geben beide Parteien in der Verhandlung ihre Zustimmung zum erreichten Ergebnis. Mit einem Protokoll werden bereits getroffene Vereinbarungen dokumentiert. Ein weiteres Hilfsmittel, mit dem Verhandlungsergebnisse festgehalten werden, ist eine Beschlussliste. In ihr werden alle erzielten Lösungen und Einigungen festgehalten. Diese ist dann die Grundlage für die Erstellung des Vereinbarungstextes. Allgemein gilt: Je wichtiger und folgenreicher die Verhandlungen sind, desto formaler muss die Dokumentation sein!

Schritt 5: Verhandlungsergebnis absichern

Damit ein Verhandlungsergebnis wirksam wird, müssen oft in der Organisation jeder Verhandlungspartei weitere Stellen einbezogen werden. Beide Parteien vereinbaren bei diesem Schritt, welche weiteren Aktivitäten jede Partei ergreifen muss, bis die Vereinbarung wirksam wird. An dieser Stelle sollten Sie auch schon vereinbaren, was unternommen wird, wenn die Abstimmungen in der eigenen Organisation nicht wie geplant verlaufen.

Schritt 6: Verhandlung abschließen

Nach einer langen und schwierigen Verhandlung werden Sie feststellen, dass Sie und Ihr Verhandlungspartner eine schwierige Aufgabe gelöst haben. Sie haben viel miteinander geredet, gestritten und waren gemeinsam kreativ. Dadurch ist eine Verbindung entstanden, die eine gute Basis für die weitere Zusammenarbeit ist. Nutzen Sie das Ende der Verhandlung, um sich über den erreichten Erfolg auszutauschen. Damit schaffen Sie eine Basis für die nächste Verhandlung.

Verhandlungstechniken: praktische Hilfsmittel für die Lösungsfindung

Verhandlungsstress

Es gibt vier fast natürliche Verhaltensweisen, die verhindern, dass in Verhandlungen kreative Lösungen gefunden werden. Immer dann, wenn wir in Stress kommen, versuchen wir eine schnelle Lösung zu finden. Diese Verhaltensweise hat ihren Grund in unserer Denkökonomie: Wir konzentrieren uns mit aller Kraft auf die Lösung, die am einfachsten erreichbar scheint. Das trifft auch auf Verhandlungen zu. Diese sind die Voraussetzung für den Start des Projektes oder die Durchführung von geplanten Aktivitäten. Deshalb streben wird dann die offensichtlichste Lösung an und versuchen, diese durchzusetzen. Das Gleiche macht der Verhandlungspartner, jedoch mit einer anderen Lösung. Die Folge ist: Wir stoßen auf Widerstände. Das erzeugt noch mehr Stress. Dadurch wird der Blick noch enger, und wir kämpfen noch verbitterter für unsere Lösung. Die Verhandlung dreht sich im Kreis und die Positionen verhärten sich immer mehr.

Vorsicht Sackgasse!

Jagen Sie nicht der einzig „richtigen" Lösung nach. Diese gibt es in keiner Verhandlung. Denn Verhandlungen sind ja gerade dazu da, Lösungen zu finden. Die Jagd nach der einzig richtigen versperrt den Blick auf andere Lösungen. Je mehr Sie sich auf eine Alternative konzentrieren, umso mehr stören Sie neue Lösungsansätze. Sie fürchten bei jedem neuen Lösungsansatz ein schon erreichtes Verhandlungsergebnis zu gefährden. Die Verhandlungen geraten schnell in eine Sackgasse.

Verhandlungspartner als Team

In einer Verhandlung denkt man natürlich immer zuerst an sich und seine Interessen. Dies ist natürlich und selbstverständlich. Jedoch in einer Verhandlung sind Sie und Ihr Verhandlungspartner ein Team, das nur gemeinsam eine Lösung finden kann. Denken Sie deshalb für Ihren Verhandlungspartner mit. Wenn Sie eine Lösung für Ihren Verhandlungspartner sehen, dann sagen Sie ihm dies. Er hat dann eine Option mehr, und die Verhandlung ist einen Schritt weitergekommen.

Verhandlungen sind mehr als nur das Aushandeln unterschiedlicher Positionen. Es geht darum, kreativ eine Lösung zu finden, welche die Interessen aller Beteiligten berücksichtigt. In vielen Verhandlungen hat sich gezeigt, dass durch den Einsatz von bestimmten Techniken diese Herausforderung gemeistert werden kann.

Verhandlungstechniken sind Arbeitstechniken, mit denen unterschiedliche Positionen und Interessen ausgehandelt werden und Druck aus der Verhandlung weicht.

„Salami-Taktik": Gesamtpaket in kleine Einheiten zerlegen

Teilprobleme verhandeln

Wie isst man einen Elefanten? Antwort: indem man ihn in Scheiben schneidet. Das ist das Grundprinzip der „Salami-Taktik". Große und komplexe Sachverhalte lassen sich leichter lösen, wenn sie in kleine Einheiten aufgeteilt werden. Die Teilbereiche sind dann viel besser zu bearbeiten. Oft lassen sich über Teilprobleme auch schneller Einigungen erzielen. Wenn Sie diese Technik anwenden, müssen Sie aber beachten, dass die Teilprobleme oft voneinander abhängig sind. Deshalb können Sie Teileinigungen nur in solchen Bereichen erzielen, die relativ unabhängig verhandelt werden können. Bei diesem Verfahren gehen Sie folgendermaßen vor:

- Ermitteln Sie mit Ihrem Verhandlungspartner gemeinsam, welche Teilpakete sie schnüren wollen. Achten Sie dabei darauf, dass diese inhaltlich möglichst unabhängig voneinander sind.
- Schreiben Sie die Ihnen bekannten Abhängigkeiten zwischen den Teilpaketen auf. Dies ist eine Hilfe für die spätere Gesamtbewertung aller Teilpakete!
- Verhandeln Sie die Teilpakete einzeln.
- Führen Sie die Teillösungen zusammen und verhandeln Sie die dann noch offenen Punkte.

Pakete schnüren: sich ergänzende Interessen nutzen

Nutzenteilung

Nutzenteilung ist überall dort möglich, wo es unterschiedliche Interessen, Prioritäten, Überzeugungen, Prognosen und Risikobereitschaften gibt. Dabei sind die Interessen nicht prinzipiell entgegengesetzt, sondern ergänzen sich. Sich ergänzende Interessen erkennt man daran, dass eine Partei ein Interesse hat, das für die andere Partei kein Problem darstellt. Der einen Partei geht es mehr um die guten Beziehungen untereinander, der anderen mehr um den Sachinhalt. Einer Partei ist die prinzipielle Einigung wichtiger, der anderen die Einigung auf einem Teilgebiet. Nutzenteilung ist eine Technik, mit der Sie unterschiedliche Interessen zusammenbringen können. Dabei gehen Sie so vor:

- Suchen Sie Punkte, die Ihrem Verhandlungspartner einen großen Nutzen bringen, Sie selbst aber nur wenig kosten.
- Suchen Sie Punkte, die Ihnen einen großen Nutzen bringen, aber Ihren Verhandlungspartner wenig kosten.
- Schnüren Sie die unterschiedlichen Lösungen zu einem Paket zusammen.

Königsweg: gemeinsame Interessen nutzen

In vielen Verhandlungen gibt es zwischen den Parteien ein gemeinsames Interesse, das sich über den Interessengegensatz in der konkreten Verhandlung stellen lässt. Bei einem Projekt ist das gemeinsame Interesse immer der erfolgreiche Projektabschluss. Wenn durch die Verhandlungslösung auch ein Teil des gemeinsamen Interesses gewahrt wird, lässt sich meist viel leichter ein Kompromiss finden. Daneben gibt es weitere Verhandlungstechniken:

Wenn die Gegenpartei Verhandlungsdruck aufbaut

Der natürliche Druck in einer Verhandlung ist ohnehin schon groß. Eine nicht gerade faire Taktik ist es, diesen Druck noch zu erhöhen. Jedoch wird Ihnen dies immer wieder passieren. Zwei natürliche Reaktionen darauf sind: Erdulden oder den Druck mit gleicher Münze zurückzahlen. Viele Verhandlungsparteien erdulden die Tricks, weil sie nicht noch mehr Öl ins Feuer gießen wollen. Die Gegenseite setzt sich dann zwar mit ihrer Position durch. Nach der Verhandlung sind Sie jedoch verärgert und nehmen sich vor, nie wieder mit solchen Leuten zu verhandeln.

Zurückzahlen mit gleicher Münze bedeutet, den überzogenen Forderungen noch überzogenere Forderungen entgegenzusetzen. Dies verhärtet die Verhandlungspositionen und macht eine Einigung immer unwahrscheinlicher.

Verhandlungsdruck begegnen

Durch folgende Verhaltensweisen wird Verhandlungsdruck aufgebaut:

- Die Gegenpartei baut eine Verweigerungshaltung auf oder stellt extreme und unrealistische Forderungen auf – oder immer wieder neue. Wenn Ihre Gegenpartei immer neue Forderungen in die Verhandlung einbringt, so möchte sie damit bewirken, dass Sie die erreichten Verhandlungsergebnisse nicht gefährden wollen und deshalb größere Zugeständnisse machen. In dieser Situation sollten Sie überlegen, ob die Weiterführung der Verhandlung sinnvoll ist.

- Festlegen ist eine Taktik, mit der die Gegenpartei Sie zu einer Entscheidung zwingen will. Eine Partei legt sich meist dadurch fest, dass sie ihre Position öffentlich verkündet oder sich durch das Management absichern lässt. Brechen Sie die Verhandlung ab und geben Sie Ihrer Gegenseite damit die Chance für einen Neuanfang. Oder relativieren Sie die Position durch neutrale Kriterien, um den Drohcharakter der Festlegung zu relativieren.

- Dickköpfigkeit erkennen Sie daran, dass Ihr Verhandlungspartner die eigene Position ständig wiederholt, nicht davon abrückt und ständig neue Argumente für seine Position ins Spiel bringt. Steigen Sie aus diesem Kreislauf aus, indem Sie diese Taktik offen legen.

- Mit der Taktik der Verzögerung will die Gegenseite die Entscheidung über die Lösung so lange hinausschieben, bis ein für sie günstiger Zeitpunkt gekommen ist. Im Projektgeschäft haben Sie diese Zeit nicht. Meist brauchen Sie die Entscheidungen sehr schnell. Machen Sie der Gegenseite deutlich, dass ihre Chancen eher schwinden als zunehmen, wenn sie die Entscheidung weiter aufschiebt.

- Ultimative Angebote sind versteckte oder offene Drohungen. Sie werden ganz bewusst erzeugt. Eine Methode ist die Bestechung: „Wenn Sie hier zustimmen, dann bekommen Sie von mir …"

Starke Position der Gegenpartei

Druck in einer Verhandlung entsteht auch dadurch, dass die Gegenseite eine starke Position hat – etwa dann, wenn Ihr Vorgesetzter Ihr Auftraggeber und Verhandlungspartner ist. In all diesen Fällen kann sachbezogenes Verhandeln diese Position nicht umkehren. Es kann Sie aber davor bewahren, einer Position zuzustimmen, die Ihren Interessen eindeutig widerspricht. In allen diesen Fällen helfen Techniken, sich vor einem nichterfüllbaren Zugeständnis zu schützen.

Verhandlungslimits: Ausstieg im Vorhinein festgelegen

Zwei Parteien nähern sich schrittweise an. Die Verhandlung dauert lange und Zugeständnis nach Zugeständnis wird gemacht. In einer solchen Situation verschwimmt die Grenze zwischen gerade noch akzeptierbarer und nicht mehr zu akzeptierender Forderung immer mehr. Der Druck, die Verhandlung zu Ende zu bringen, wird immer größer. Eine solche Situation birgt immer die Gefahr in sich, einer nicht mehr vertretbaren Position zuzustimmen, weil eine Partei den Druck nicht mehr aushält.

Schutz vor unannehmbaren Forderungen

Sie müssen in einer solchen Situation immer klar im Blick haben, wie weit Sie Zugeständnisse in Ihrer Position machen können. Nur so verhindern Sie, einer Position zuzustimmen, die Sie nach der Verhandlung nicht einhalten können. Diese Grenze wird durch das Verhandlungslimit definiert. Es ist ein Verhandlungsangebot, das nicht mehr annehmbar ist, weil die Partei, die es macht, dadurch nur verlieren kann.

Allerdings fordert ein solches Limit auch seinen Preis. Es schränkt die Flexibilität im Verhandeln ein. In der Verhandlung können Sie Sachverhalte erfahren, welche die Grundlage für das Limit verändern. Mit dem Limit haben Sie sich aber selbst unbewusst gebunden.

Die beste Alternative: Lösung ohne Verhandlung

„Mit diesem Ergebnis stehe ich ja schlechter da, als wenn ich gar nicht verhandelt hätte.“ Zu einer solchen Erkenntnis kommen Sie immer dann, wenn es neben der Verhandlung noch eine Alternative gibt und es Ihnen in der Verhandlung nicht gelingt, Ihre Position durchzusetzen.

Psycho-Falle

Diese Alternative nennt man die beste Alternative. Sie ist immer noch besser als ein schlechtes Verhandlungsergebnis. Damit haben Sie ein Kriterium für den Abbruch der Verhandlungen. Niemand fällt es leicht, aus einer Verhandlung auszusteigen. Nach einiger Zeit glaubt man, ohne die Verhandlung gäbe es keine Lösung.

Die Stärke der Position einer Partei in der Verhandlung hängt auch davon ab, wie attraktiv ihre beste Alternative ist. Je attraktiver die Optionen bei Scheitern der Verhandlungen sind, je größer ist auch der sachliche und emotionale Spielraum in der Verhandlung. Je mehr Sie über die Positionen der Gegenseite wissen, umso besser sind Sie für die Verhandlungen gerüstet. Wenn Sie die beste Alternative Ihrer Gegenseite kennen, wissen Sie auch, wie weit Sie gehen können. Wenn beide Seiten eine bessere Alternative haben, ist es die beste Alternative, für die Verhandlungen keine Übereinkunft zu treffen.

Verhandlungsjudo: Energie der Gegenseite nutzen

Judo fasziniert deshalb, weil bei dieser Kampfsportart die Energie des Gegners genutzt wird, um ihn zu schlagen. Bei der Technik des Verhandlungsjudo wird diese Idee auf Verhandlungen übertragen, wie beispielsweise in der folgenden Situation: Die Gegenseite bringt ihre eigene Position mit Macht vor, greift Ihre Position massiv an, baut Druck auf und schreckt auch nicht davor zurück, Sie persönlich anzugreifen.

Druck umlenken

Verhandlungsjudo ist eine Technik, mit der Sie massiven Druck der Gegenseite umlenken können – und zwar mit folgenden Reaktionen:

- Verdeutlichen Sie Ihrer Gegenseite, dass deren Position keine Lösung des Problems ist. Entwickeln Sie ein Szenario, bei dem Sie die Position der Gegenseite zum Ausgangspunkt nehmen.
- Bringen Sie Ihre Gegenpartei in Argumentationsnot, indem Sie zeigen, dass von ihr Annahmen gemacht wurden, die nicht zu halten sind.
- Drehen Sie den Spieß um: Zwingen Sie Ihre Gegenpartei, die Folgen ihrer Position zu durchdenken und Verständnis für Ihre Interessen zu entwickeln: „Was raten Sie mir zu tun, wenn ich Ihr Angebot annehme?“
- Ignorieren Sie persönliche Angriffe. Hören Sie nur auf die sachlichen Argumente der anderen Partei und wiederholen Sie sie: „Ich habe verstanden, dass Ihnen die folgenden Punkte wichtig sind …“
- Nehmen Sie die Führung des Gespräches in die Hand, indem Sie Fragen stellen.
- Schweigen Sie einfach, wenn die Argumente der Gegenpartei vollkommen unsachlich sind. Schweigen vermittelt den Eindruck, dass alles festgefahren ist, und erzeugt damit einen Gegendruck. Jetzt ist Ihre Gegenpartei am Zug, einen Vorschlag für die Lösung der Situation zu machen.

Verhandlungstricks bei unfairem Vorgehen

Mit den folgenden Tricks und unfairen Taktiken müssen Sie bei einer Verhandlung rechnen:

Tricks und unfaire Taktiken

- *Absichtlicher Betrug:* Sachverhalte werden behauptet und als wahr hingestellt, obwohl sie falsch sind. Damit soll der Verhandlungspartner von nicht zutreffenden Voraussetzungen ausgehen. Man erhofft sich, dass die eigene Position dadurch leichter annehmbar wird.

- *Täuschung:* Eine Täuschung ist kein offensichtlicher Betrug. Aber die andere Verhandlungspartei wird bewusst über Tatsachen, Zuständigkeiten und Absichten im Unklaren gelassen. Der Verhandlungspartner soll von Voraussetzungen ausgehen, welche die Gegenposition in ein besseres Licht setzen.

- *Zweifelhafte Absichten:* Manchmal gehen Verhandlungsparteien eine Verpflichtung ein, von der sie wissen, dass sie diese nicht einhalten können oder wollen. Dies funktioniert immer dann gut, wenn die Gegenpartei keine Möglichkeit hat, die Einhaltung einzuklagen.

- *Beeinflussung:* Psychologische Erkenntnisse werden eingesetzt, um das Wahrnehmen und Denken des Verhandlungspartners zu beeinflussen. Der bekannteste dieser Tricks ist das Spiel „Der Gute und der Schlechte“: In der Verhandlung spielen zwei Personen einer Partei zwei unterschiedliche Rollen. Der eine ist der Schlechte. Er übt Druck aus und stellt hohe Forderungen. Der andere ist der Gute. Er zeigt für die andere Verhandlungspartei Verständnis und schlägt sich scheinbar auf deren Seite. Er überredet dann den Schlechten zu einem besseren Angebot. Dies ist natürlich für die andere Partei immer noch sehr ungünstig, es erscheint der Gegenpartei aber viel besser, als es ist.

- *Persönliche Angriffe:* Sie werden oft mit sachlich verkleideten Argumenten vorgebracht. Sie sind nur aus den subtilen Zwischentönen herauszuhören.

Nicht mit denselben Waffen kämpfen

Wenn Sie mit diesen Tricks konfrontiert werden, ist die schlechteste Reaktion, mit ebensolchen Tricks zurückzuschlagen. Um ein tragfähiges Verhandlungsergebnis zu erzielen, müssen beide Parteien offen und ehrlich in ihren Positionen sein. Sie selbst möchten ja fair handeln. „Was mache ich aber, wenn dies mein Gegenüber nicht tut?“, werden Sie fragen. Denn Sie können die Verhandlung nicht abbrechen, nur weil Ihr Gegenüber unfaire Tricks anwendet.

Beste Reaktion

Die Antwort auf diese Frage: Wenden Sie sachbezogenes Verhandeln an, indem Sie aus dem Spiel aussteigen. Dabei gehen Sie in drei Schritten vor:

- Sie bemerken, dass die Verhandlung keinen guten Verlauf nimmt, und erkennen die Taktik.
- Artikulieren Sie Ihr Unbehagen.
- Hinterfragen Sie die Annehmbarkeit der Taktik.

Dies können Sie jedoch nur tun, wenn Sie den Trick durchschaut haben. Denn diese Taktiken wirken nur, wenn Sie verdeckt sind und verdeckt bleiben. Um sie zu erkennen, sollten Sie sich immer die folgende Frage stellen: Wie agiert die Gegenseite?

Kultur der gegenseitigen Wertschätzung

Verhandlungspartner auf einer Stufe

Sachbezogenes Verhandeln ist mehr als nur eine Sammlung von Techniken und Ratschlägen, wie Verhandlungen erfolgreich gestaltet werden können. Es ist eine Verhandlungskultur, welche die Verhandlungspartner auf eine gleiche Stufe stellt. Sie geht davon aus, dass die Personen der Gegenseite ein berechtigtes Interesse an ihrer Position haben. Es ist eine Kultur, die durch sachliches Verhandeln tragfähige und von den Verhandlungsparteien akzeptierte Lösungen erreicht.

Ein Eckpfeiler des sachbezogenen Verhandelns ist es, die andere Partei zum Mitüberlegen und Mitdiskutieren zu bringen. Während das Feilschen um Positionen darauf beruht, den Verhandlungsgegner in möglichst vielen Punkten im Dunklen zu lassen, zielt sachbezogenes Verhandeln darauf ab, eine möglichst große Offenheit herzustellen. Dazu gehört, dass man als Verhandlungspartner selbst offen ist und alle Fakten auf den Tisch legt.

Ebenenwechsel bei persönlichen Angriffen

Bei Beeinflussungen und persönlichen Angriffen wechseln Sie die Ebene. Bevor Sie wieder sachbezogen verhandeln, sprechen Sie Ihr Unbehagen über das Verhalten der Gegenpartei an. Sie können mit der folgenden Frage auf die Beziehungsebene wechseln: „Ich fühle, dass Sie mich persönlich angreifen, ich verstehe nicht, warum. Was stört/behindert Sie? Können wir dies erst ansprechen?" Dieser Wechsel gibt Ihrem Verhandlungspartner die Chance, Dinge anzusprechen, die ihn stören und dazu veranlasst haben, Sie anzugreifen.

Die beste Methode, Verhandlungstricks zu verhindern, ist, dass Sie durch Ihren Verhandlungsstil von Anfang an deutlich machen, dass Sie die Verhandlungen sachbezogen führen. Wenn Sie dem vorgeschlagenen Prozessmodell folgen, werden Ihre Verhandlungen fast automatisch sachbezogen sein.

Prinzipien sachbezogenen Verhandelns

Wenn Sie die folgenden Prinzipien einhalten, kommen Sie zu einem sachbezogenen Verhandlungsstil:

- Verhandeln Sie nie ohne klares Ziel.
- Seien Sie in der Sache hart, aber fair zu den Menschen.
- Machen Sie kein Angebot, bevor Sie die Forderung Ihres Verhandlungspartners kennen.
- Akzeptieren Sie Angebote nicht beim ersten Mal.
- Seien Sie sich über Ihre beste Alternative im Klaren und gehen Sie nicht dahinter zurück.

5. Teammanagement: Ein Team ist mehr als die Summe seiner Mitglieder

Mit einer Hand lässt sich kein Knoten knüpfen.

MONGOLISCHES SPRICHWORT

Ein ideales Team: Das ist der Wunsch eines jeden Projektleiters. Alle ziehen an einem Strang. Jedes Teammitglied hat die Aufgabe, die es am besten machen kann. Alle helfen sich gegenseitig, denken mit und geben ihr Bestes. Ein Team, das mit Spaß und Freude arbeitet. Teammitglieder, die mit großem Engagement schwierige Aufgabe erledigen. Man weiß nicht, wie, aber in solchen Teams läuft alles wie von selbst.

In Ihrem Projekt wollen Sie die Teamarbeit nicht dem Zufall überlassen und machen sich über die folgenden Fragen Gedanken:

- An was muss ich als Projektleiter denken, um ein gutes Team zusammenzustellen?
- Wie bereite ich mein Team auf seine Aufgabe vor?
- Was kann ich tun, um das Team „zusammenzuschweißen"?
- Welche Regeln sollten im Team vereinbart werden?

Projektteams: die Arbeitsform im Projektmanagement

Heute werden in Projekten viele Aufgaben erledigt, die in einer klassischen hierarchischen Organisation nicht mehr zu bewältigen sind. Hierarchien lösen Aufgaben, die immer wiederkehren, Projekte solche, die einmalig und immer wieder neu sind. Menschen müssen in Projekten anders zusammenarbeiten, als sie dies von einer hierarchischen Organisation gewohnt sind. Diese neue Arbeitsform ist für viele darüber hinaus interessanter und erfüllender.

Teams sind Gruppen von sechs bis 15 Personen. Das Team hat ein gemeinsames Ziel. Jedes Teammitglied steht mit jedem anderen Teammitglied im sozialen Kontakt und die Kommunikation im Team ist direkt und vielfältig. Der Leiter des Teams hat dabei die Aufgabe, die Beziehungen des Teams zur Außenwelt herzustellen. Bei mehr als 15 Mitgliedern zerfällt eine Gruppe zwangsläufig in Untergruppen und kann kein Team mehr sein.

Kein Projekt ohne Teams

Es gibt weder in Projekten noch in Teams von Anfang an bis in das letzte Detail festgelegte Strukturen. Projektmanagement und Teammanagement sind zwei Seiten einer Medaille. Mit den Methoden und Techniken des Projektmanagements wird die formale und organisatorische Abwicklung des Projektes unterstützt. Wie die Menschen dies jedoch tun, ist die Aufgabe, welche der Projektleiter als Teamleiter managen muss.

Teamwork: das Erfolgsrezept im Projektmanagement

„Teamwork ist, wenn fünf Leute für etwas bezahlt werden, was vier billiger tun könnten, wenn sie nur zu dritt wären und zwei davon verhindert." Diese oder ähnliche Sprüche hängen oft an Bürowänden. Sie klingen sehr lustig und suggerieren, dass Teamarbeit nicht erfolgreich ist. Doch gerade das Gegenteil ist der Fall. Der Erfolg von Teamarbeit in Projekten ist auf eine Vielzahl von Eigenschaften von Teams zurückzuführen. John R. Katzenbach hat in einer Studie die folgenden Faktoren für den Erfolg der Teamarbeit herausgefunden:

Erfolgsfaktoren

- Teams können hohe Arbeitsmengen bewältigen und zeigen hohe Einsatzbereitschaft und hohes Engagement.
- Teams sind flexibel. Teammitglieder sind nicht wie in einer Organisation auf eine Rolle festgelegt.
- Teams identifizieren sich mit ihrer Aufgabe. Die Teammitglieder haben gemeinsame Werte und eine gemeinsame Teamkultur.
- Die Mitglieder eines Teams kommunizieren gut miteinander.
- Die Mitglieder eines Teams haben Respekt voreinander. Jedem ist bewusst, welchen Anteil seine eigene Leistung am Erfolg des gesamten Teams hat.
- Die Mitglieder eines Teams sind motiviert. Jeder im Team weiß, welchen Sinn seine Arbeit hat.

Der Mikrokosmos „Team" und seine Beziehung zur Außenwelt

Teams haben ihre eigenen Gesetze, nach denen die Teammitglieder unbewusst handeln. Teammitglieder, die sich nicht an diese Muster halten, werden von den anderen unter Druck gesetzt. Denn diese Muster machen das Team arbeitsfähig.

Teams grenzen sich immer strukturell und emotional gegen die Organisation ab, in die sie eingebunden sind. Nur so können sie ihre eigene Arbeitsstruktur und individuelle Teamkultur entwickeln. Dies ist auf der einen Seite positiv. Denn es gibt den Teammitgliedern eine hohe Sicherheit für ihr Handeln und erzeugt eine hohe emotionale Bindung an das Team. Auf der anderen Seite können sich die Teams dadurch auch sehr schnell von der Organisation entfernen.

Leitungsfähigkeit und Grenzen

Äußere Feinde schweißen das Team zusammen. Oft werden diese Feinde auch bewusst konstruiert: der Abteilungsleiter, der das Team nicht versteht, der Auftraggeber, der unrealistische Anforderungen definiert, oder das Controlling, das nur die Zahlen interessiert und das keinen Sinn für die vom Projektteam entwickelte Innovation hat. Teams bewältigen oft Aufgaben, deren Erledigung sie sich selbst nicht zugetraut hätten. Die Kehrseite: Teams merken nicht oder oft erst viel zu spät, wenn sie eine Aufgabe nicht bewältigen können. Zu diesem Muster gehört auch, dass Teams lieber mehr arbeiten, als ein neues Teammitglied zu integrieren.

Spannungsfeld des Teamleiters

Der Teamleiter: Wanderer zwischen zwei Welten

Aus der Sicht des Teams ist der Teamleiter der Repräsentant des Teams. Die Teammitglieder üben auf ihn direkt oder indirekt Druck aus, wenn sie sich durch ihn nicht vertreten fühlen. Andererseits ist er auch der Vertreter der Organisation, die von ihm fordert, deren Interessen im Team zu vertreten. Das heißt für den Projektleiter: die Unternehmenskultur im Team zu etablieren, die Standards der Organisation einzuhalten, die Repräsentanten der Organisation im Team zu vertreten und gegen Angriffe zu verteidigen und Ressourcen hinzuzuholen, wenn das Team die Aufgabe nicht alleine bewältigen kann.

Die Organisation bestimmt Sie als Projektleiter und erteilt Ihnen den Projektauftrag. Durch die Auftragsklärung und die Verhandlungen haben Sie die Sichtweise des Auftraggebers eingenommen. Doch Sie sind ebenfalls Mitglied Ihres Teams. Durch die Diskussionen mit ihm erhalten Sie eine durch das Team geprägte Sicht.

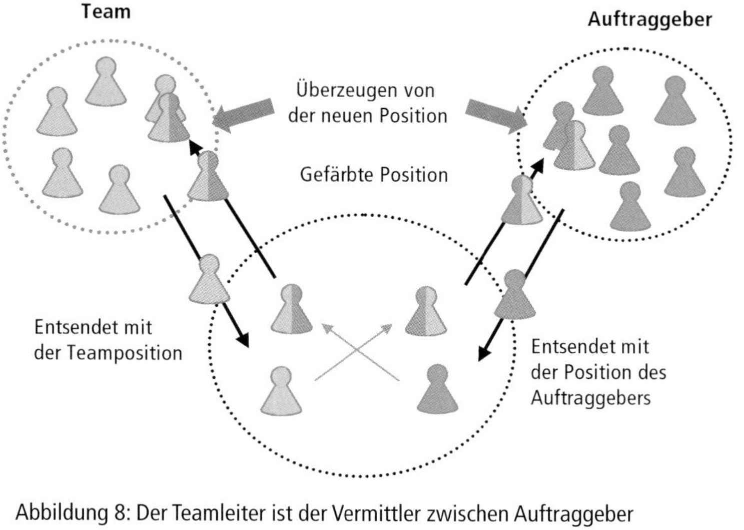

Abbildung 8: Der Teamleiter ist der Vermittler zwischen Auftraggeber und Team

Abbildung 8 zeigt, wie der Teamleiter durch die unterschiedlichen Standpunkte von Team und Organisation beeinflusst wird.

Mit der Färbung, die Sie im Gespräch mit dem Team erhalten haben, kommen Sie zurück zum Auftraggeber. Sie schildern ihm, wie Sie und Ihr Projektteam das Projekt realisieren werden. Der Auftraggeber übt Kritik. Mit dieser Färbung kommen Sie ins Team zurück usw. Es ist ein mühsamer, vielleicht manchmal auch nervenaufreibender Prozess. Er hat jedoch den großen Vorteil, dass sich so eine Sichtweise herausbildet, mit der sowohl die Organisation als auch das Team leben kann. Bei allen Vereinbarungen müssen Sie immer daran denken, dass Sie Ihr Team davon überzeugen müssen. Gestalten Sie deshalb als Teamleiter einen möglichst transparenten Kommunikationsprozess, und zwar sowohl in Richtung der Organisation als auch in Richtung des Teams.

Im Team hat jeder eine Funktion

Funktionen im Team

Welche Funktionen müssen im Team wahrgenommen werden, damit es erfolgreich ist? Diese Fragestellung hat Ewald Krainz unter dem Aspekt der Teamführung untersucht. Das Ergebnis ist, dass es im Team die folgenden idealtypischen Funktionen gibt, die für dessen Erfolg wichtig sind.

- Teammitglieder, welche die zielorientierte Funktion ausfüllen, geben der Gruppe eine Richtung. Sie sind meist die Ersten, die in einem Workshop zum Flipchart gehen und das Ziel der Besprechung oder des Projektes aufschreiben. Es sind die Teammitglieder, welche die Arbeit organisieren und Methoden für die Lösung von Problemen vorschlagen.

- Teammitglieder, die sich um den Gruppenerhalt kümmern, werden meist nur bemerkt, wenn sie nicht vorhanden sind. Es gibt dann niemand im Team, der Kaffee kocht, etwas Nettes sagt oder in konfliktreichen Situationen zu vermitteln versucht. Sie agieren viel auf der Beziehungsebene. Sie hören zu und wollen alle und alles verstehen.

- Teammitglieder, die ihre Individualität ausleben, werden von den meisten als eher störend empfunden. Sie sind fast gegen alles, machen sich wichtig, bauen Konkurrenz auf oder blödeln herum. Jammern, Selbstmitleid oder teilnahmsloses Verhalten sind ebenfalls Kennzeichen der individuellen Funktion. Sie nehmen anderen aber Angst vor dem Gruppendruck und geben ihnen damit indirekt soziale Sicherheit.

In einer Gruppe werden diese Funktionen von unterschiedlichen Personen wahrgenommen. Fragt man die Gruppe, welches Mitglied den meisten Einfluss ausübt, so wird derjenige genannt, der die zielorientierte Funktion am stärksten ausfüllt. Dies ist der Leistungs- und Einflussführer. Fragt man, wer das größte Vertrauen besitzt, so wird derjenige genannt, der am meisten für den Gruppenerhalt sorgt. Damit ist er der Beliebtheits- und Vertrauensführer. Es ist äußert selten, dass ein Teammitglied den meisten Einfluss hat und gleichzeitig das größte Vertrauen besitzt.

Persönlichkeiten

Die Funktion, die ein Teammitglied wahrnimmt, wird zwar durch seine Persönlichkeit bestimmt. Jedoch kann eine Person in verschiedenen Teams unterschiedliche Funktionen wahrnehmen. Eine Gruppe weiß meist intuitiv, welche Funktion benötigt wird. Die Teammitglieder nehmen dann diese Funktion unaufgefordert wahr.

Wichtig: die Steuerungsfunktion im Team

Jedoch ist dies nicht immer so. Teams brauchen deshalb noch eine weitere Funktion, die dafür sorgt, dass die drei Gruppenfunktionen wahrgenommen werden, wenn sich dies nicht von selbst ergibt. Das Team wird durch diese Teammitglieder gesteuert. Gruppenmitglieder, welche die Funktion der Steuerung ausfüllen, bewerten die Beiträge der Teammitglieder und ordnen sie in den Gesamtzusammenhang ein. Bei Beiträgen fragen sie nach Gründen und Motiven. Bei Entscheidungen und Beschlüssen sorgen sie dafür, dass sich die Teammitglieder einig sind. Eine der wichtigsten Aufgaben dieser Teammitglieder ist es festzustellen, welche der Gruppenfunktionen fehlt, und dafür zu sorgen, dass diese wahrgenommen wird. Ihre Aufgabe als Projektleiter ist es, von Anfang an die Funktion der Steuerung im Team wahrzunehmen.

Steuerung des Teams

Bei der Steuerung der Gruppe gehen Sie so vor:

- Beobachten Sie Ihr Team. Stellen sie fest, in welcher Situation sich dieses gerade befindet.
- Teilen Sie dem Team mit, was Sie beobachtet haben. Dafür werden Sie nicht immer Applaus ernten. Gerade aber, wenn sich Konflikte aufbauen, sind Gespräche, in denen Sie dies ansprechen, unerlässlich, auch wenn sie unbequem sind!
- Regen Sie Ihr Team an, Ihre Beobachtungen zu interpretieren. Fragen Sie das Team: Was bedeutet dies für die Zusammenarbeit in unserer Gruppe? Jedes Teammitglied ist dadurch aufgefordert, sich selbst eine Meinung zu bilden.

Teamentwicklung: Ein langsamer Start beschleunigt die Teamarbeit

Menschen in Teams arbeiten gerne und erfolgreich, weil sie ihre Arbeitsstrukturen selbst gestalten oder zu einem großen Teil mitgestalten können. Dies ist der große Unterschied zur Arbeit in einer Organisation. Dadurch entsteht das, was man Teamgeist nennt. Teams durchlaufen einen Entwicklungsprozess, indem sie ihre sozialen Beziehungen knüpfen, ihr Ziel definieren und Regeln für die Zusammenarbeit festlegen. Er wird als Teamentwicklung bezeichnet.

Teamentwicklung ist ein Lernprozess im Team, bei der die Teammitglieder ihre Arbeitsform gestalten. In diesem Entwicklungsprozess machen sich die Teammitglieder miteinander vertraut, erkämpfen sich ihren Platz in der Gruppe und geben sich Regeln. Erst am Ende seiner Entwicklung ist das Team arbeitsfähig. Diese vier Entwicklungsphasen werden mit Warming, Storming, Norming und Performing bezeichnet.

Sach- und Beziehungsebene

Im Teamentwicklungsprozess werden auf einer Ebene Sachfragen geklärt und gleichzeitig auf einer anderen, emotionalen Ebene Beziehungen geknüpft. Die Sachthemen und Probleme sind durch den Projektauftrag definiert. Bei den Sachthemen kommt es auf

Klarheit an. Im Mittelpunkt steht die Frage: Was ist das Ziel, die Aufgabe der Gruppe?

Die beziehungs- und emotionalorientierten Themen werden durch die Persönlichkeiten der Gruppenmitglieder und deren Lebensgeschichte bestimmt. Sie haben einen großen Einfluss auf die Sachthemen. Ängste, Wut und Aggression verhindern, dass sachlich diskutiert und gearbeitet wird. Andererseits können Vertrauen und Neugier auf neue Aufgaben die Arbeit auf der Sachebene erleichtern. Im Mittelpunkt steht hier die Frage: Wie sehen die Beziehungen in der Gruppe aus und was bedeuten sie für das Team und seine Arbeit?

Lebens- und Entwicklungsgeschichte

Die Teamentwicklung ist ein Teil der Lebensgeschichte des Teams. Sie beginnt mit der Zusammenstellung des Teams. Diese Lebensphase des Teams bezeichnet man auch als Forming. Sobald das Team besteht und das erste Mal zusammenkommt, beginnt seine Entwicklungsgeschichte. Mit dem Abschluss oder Abbruch der Auf-

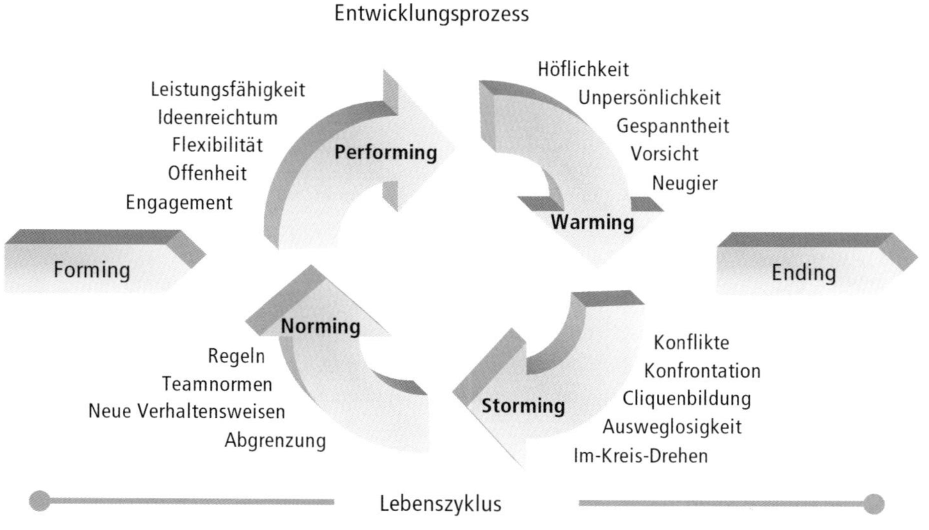

Abbildung 9: Die Lebensgeschichte eines Teams hat sechs klar voneinander abgegrenzte Phasen

gabe ist auch die Zusammenarbeit im Team beendet. Der Lebensprozess eines Teams ist in Abbildung 9 dargestellt.

Forming: Das Team wird zusammengestellt

Die richtigen Teammitglieder

Der Wunsch eines jeden Projektleiters ist es, ein ideales Projektteam zusammenzustellen. Aus der sachlichen Perspektive heraus bestimmt der Projektauftrag die Zusammenstellung des Teams. Hier spielen die fachlichen Qualifikationen der einzelnen Gruppenmitglieder eine entscheidende Rolle. Aber eine genauso wichtige Rolle spielen die sozialen Fähigkeiten der Teammitglieder. Sie müssen auch als Menschen zueinander passen. Achten Sie auch darauf, dass Sie Persönlichkeiten im Team haben, welche die verschiedenen Teamfunktionen ausfüllen können.

Teamzusammenstellung

Sie müssen sich bei der Bildung Ihres Projektteams folgende Fragen stellen und beantworten:

- Welche Mitarbeiter müssen aus sachlicher Sicht unbedingt zum Team gehören, damit der Projektauftrag erfüllt werden kann?
- Welche Mitarbeiter möchte ich im Team haben? Hierzu gehört auch eine ehrliche Antwort auf die Frage: Welche Mitarbeiter möchte ich nicht in meinem Team haben?
- Was ist die günstigste Anzahl von Mitarbeitern?
- Wie viele Mitarbeiter sind verkraftbar, um sinnvolles Arbeiten noch zu ermöglichen? Und wann müssen Untergruppen gebildet werden?
- Gibt es vorhersehbare Konflikte zwischen einzelnen Gruppenmitgliedern?

Warming: Die Teammitglieder orientieren sich

Mit der Startphase beginnt der Entwicklungsprozess des Teams. Die erste Phase der Teamentwicklung wird auch als Initialphase, Orientierungsphase oder Fremdheitsphase bezeichnet.

Gegenseitiges Kennenlernen

Charakteristisch für diese Phase ist, dass sich die Teammitglieder gegenseitig abtasten. In vielen Projektgruppen kennen sich einzelne Gruppenmitglieder untereinander. Jedoch sammelt jedes Gruppenmitglied mit jeder neuen Projektaufgabe auch neue Erfahrungen in der Zusammenarbeit mit anderen.

In der Initialphase lernen die Teammitglieder sich gegenseitig kennen:

- Organisieren Sie als Projektleiter eine Kennenlern-Runde! Das schafft Anknüpfungspunkte für informelle Gespräche und macht transparent, aus welcher Vergangenheit und Kultur die Teammitglieder kommen.
- Regen Sie die Teammitglieder an, viel von sich zu erzählen.
- Erzählen Sie viel von sich, von Ihren Zielen, die Sie mit dem Projekt verfolgen! Interessieren Sie sich für Ihre Teammitglieder als Person. So signalisieren Sie ihnen: Ihr seid mir wichtig!

Storming: Der Kampf um den richtigen Platz beginnt

Positionen klären sich

Durch die Startphase entsteht im Team der Eindruck, dass sich alle Teammitglieder prächtig verstehen. Das ist eine Täuschung. Den Teammitgliedern fehlt dazu noch eine wichtige Erfahrung: Wie erlebe ich mich und die anderen beim Arbeiten? Diese Erfahrung machen die Teammitglieder in der Konfrontationsphase. Hier finden die Teammitglieder gegenseitig heraus, wer welchen Platz in der Gruppe hat. Dies können die Teammitglieder nur dadurch erkennen, dass sie ihre Höflichkeit ablegen und ausprobieren, wie weit sie in der Gruppe gehen können. Diese Phase ist ein wichtiger Schritt in der Entwicklung, keine Störung. Die Konflikte und Auseinandersetzungen sind notwendig.

Gestalten der Kampfphase

In der Kampfphase streiten die Teammitglieder um ihren Platz im Team:

- Versuchen Sie als Projektleiter in dieser Phase nicht, den Konflikten aus dem Weg zu gehen. Nutzen Sie Auseinandersetzungen um Arbeitszeiten, Pausen, Raumgestaltungen als Gelegenheiten, sich in der Gruppe zu positionieren.
- Gehen Sie keinem Widerspruch aus dem Wege. Überlegen Sie immer, wie Sie als Projektleiter hier vermitteln können. Geben Sie den Teammitgliedern Anregungen, wie sie ihre Konflikte lösen können.
- Behalten Sie die Integration und Desintegration von Teammitgliedern in dieser Phase im Auge. Wirken Sie integrierend, aber zeigen Sie den Teammitgliedern auch, dass sie ihre Individualität in der Gruppe bewahren können.

Norming: Das Team gibt sich Regeln

Im Storming prallen unterschiedliche Normen und Werte der Gruppenmitglieder aufeinander. Die Konflikte und Auseinandersetzungen führen zu Kompromissen, aus denen sich mehr oder weniger stabile neue Normen und Werte ergeben. Dies ist der Beginn der Organisationsphase.

Jedes Teammitglied hat seinen Platz

Jedes Teammitglied hat seinen Platz in der Gruppe gefunden. Jetzt können Regeln für die Zusammenarbeit verbindlich festgelegt werden. Im Norming entsteht eine Gruppennorm, die von jetzt an sehr stabil ist. Durch die Regeln und durch die gruppeneigenen Werte und Normen grenzt sich das Team von der Organisation ab. In dieser Phase wird das Team als eigenständiges Gebilde sichtbar. Von der Vielzahl der Regeln sollten diejenigen schriftlich dokumentiert werden, die für die Zusammenarbeit die größte Bedeutung haben.

Gestalten der Organisationsphase

In der Norming-Phase legen Sie die Grundlage für die Zusammenarbeit im Team:

- Unterstützen Sie als Projektleiter Ihr Team darin, Normen und Regeln für die Zusammenarbeit zu finden, indem Sie diese Punkte in der Gruppe ansprechen. Lassen Sie dem Team Zeit, die Regeln zu formulieren.
- Achten Sie darauf, dass alle Rollen, Positionen, Funktionen und Verfahren besprochen und geklärt sind. Sofern die Gruppe diese nicht selbst findet, bringen Sie diese in die Diskussion ein. Nutzen Sie die Gruppe, um hierfür Regelungen zu finden.
- Entwickeln Sie ein Plakat mit den sieben bis neun wichtigsten Regeln. Es sollte ansprechend gestaltet sein, denn es drückt auch einen Teil der Kultur des Teams aus. Das Plakat erinnert die Teammitglieder an ihre selbst vereinbarten Regeln und schafft gleichzeitig Identität.
- Hängen Sie das Plakat in einem Raum auf, der immer wieder vom Team genutzt wird.

Performing: Die Arbeit kann beginnen

In den drei vorhergehenden Phasen hat sich das Team zu einem großen Teil seiner Zeit mit sich selbst beschäftigt. Erst in der letzten Phase seiner Entwicklung erreicht das Team seine Arbeitsfähigkeit. Sie wird auch als Arbeitsphase bezeichnet.

Gestalten der Arbeitsphase

Ein gutes Team arbeitet fast wie von selbst. Es braucht Sie als Projektleiter, wenn es um das Beschaffen von Ressourcen geht, um die Vertretung der Gruppe nach außen und darum, Konflikte zu klären. Der Projektauftrag und der Projektplan bestimmen, was getan werden muss. Auch dafür sind Sie als Projektleiter zuständig. Ihre Aufgabe ist es ebenfalls, das Team insgesamt oder einzelne Teammitglieder zu beraten, wie sie ihre Arbeit am besten erledigen. Aber: Versuchen Sie nicht, einem funktionierenden Team zu erklären, wie es seine Arbeit erledigen soll.

Manchmal geht das Team einen Schritt zurück

Ein neues Teammitglied verändert die Teamkonstellation. Es tritt sowohl mit seinen fachlichen Kompetenzen wie auch mit seinen persönlichen Eigenschaften in Konkurrenz zu anderen Teammitgliedern. Die freundliche Begrüßung eines neuen Teammitgliedes ist ein Warm-up, in dem sich das Team und das neue Teammitglied gegenseitig abtasten, ohne die Regeln der Höflichkeit zu verletzen. Die Auseinandersetzungen, die das Teammitglied dann mit Einzelnen oder mit dem gesamten Team hat, sind ein notwendiger Schritt dazu, damit es seine Rolle im Team finden kann.

Integration eines neuen Teammitglieds

Bei der Integration eines neuen Teammitglieds sollten Sie beachten:

- Führen Sie ein ausführliches Gespräch mit dem neuen Teammitglied. Erläutern Sie ihm nicht nur seine fachliche Aufgabe, sondern auch das Ziel des Projektes und die Normen und Regeln des Teams.
- Machen Sie das neue Teammitglied mit jedem Mitarbeiter im Team bekannt. Damit erleichtern sie dem Neuen, persönliche Gespräche zu suchen und Anknüpfungspunkte zu finden.
- Nutzen Sie ein Team-Meeting für eine ausführliche Vorstellung des neuen Teammitglieds. Geben Sie ihm dort die Gelegenheit, sich selbst dem Team vorzustellen.
- Beobachten Sie den Integrationsprozess aufmerksam und unterstützen Sie dort, wo das Team Konflikte und Auseinandersetzungen nicht selbst bewältigen kann.

Änderungen der Rahmenbedingungen

Ändern sich die Rahmenbedingungen im Projekt, dann hat dies immer Einfluss auf das Team. Es muss seine Ziele, Normen und Regeln den veränderten Bedingungen anpassen. Teams können immer dann sehr flexibel auf Veränderungen im Umfeld reagieren, wenn dabei ihre Verhaltensmuster stabil bleiben können. Immer dann, wenn diese Muster jedoch gefährdet sind, entwickeln Teams große Widerstände.

Jedes Teammitglied reagiert in solchen Situationen anders: Während die einen sich sehr schnell auf Veränderungen einlassen können, brauchen andere eine längere Zeit, um sich mit der neuen Situation zurechtzufinden. Ein Teil der Teammitglieder findet die Veränderungen gut, ein anderer lehnt sie ab. In dieser Situation steht das Team immer vor einer Zerreißprobe.

Veränderungen im Projekt

Bearbeiten Sie bei grundlegenden Veränderungen im Projekt die folgenden Fragen gemeinsam mit Ihrem Team:

- Was bedeutet die Veränderung für jedes einzelne Teammitglied?
- Welche Interessen werden von der Veränderung berührt?
- Welches Verhalten hat jedes einzelne Teammitglied, wenn Veränderungen anstehen?
- Wie muss das Team als Ganzes auf die Veränderung reagieren?

Ending: Das Projektteam wird aufgelöst

Das Ende bewusst gestalten

So, wie der Start eines Teamentwicklungsprozesses bewusst organisiert wird, müssen Sie auch dessen Ende bewusst gestalten. Mit dem Ende des Projektes endet auch die Teamzusammenarbeit. Diese Phase bezeichnet man als Ending. Die Schlussphase ist für die Teammitglieder eine wichtige Lernphase. Der Rückblick und die gemeinsame Bewertung der Erfahrungen machen die unbewussten Lernprozesse sichtbar. Nur so können sie für die Arbeit in einem neuen Team genutzt werden.

Gestaltung der Teamauflösung

Zum Projektabschluss gehört auch die Auflösung des Teams. Dazu sind die folgenden Aktivitäten notwendig:

- Planen Sie die Auflösung des Teams als Entwicklungsschritt ein.
- Machen Sie den Teammitgliedern von Anfang an klar, dass mit der Projektaufgabe auch das Team aufgelöst wird.
- Gestalten Sie die Teamauflösung als Lernprozess. Sie ermöglichen damit den Teammitgliedern einen Rückblick auf die Erfolge, aber auch die Stolpersteine im Projekt.

Widersprüche im Team

Wenn Sie an die Teams zurückdenken, die Sie geleitet haben oder in denen Sie tätig waren, werden Sie feststellen, dass die Personen wechselten, aber immer wieder die gleichen Fragen diskutiert wurden. Es scheint so, dass jedes Team die Welt immer wieder neu erfindet. Meistens ähneln sich auch die Lösungen. Man fragt sich: Warum lernen die Teams nicht aus ihren Erfahrungen?

Nun – dies können sie einfach nicht. Denn nicht die Teams lernen aus den Erfahrungen, sondern die Menschen, die das Team bilden. In der Konfrontationsphase prallen diese unterschiedlichen Erfahrungen aufeinander. Die Teammitglieder müssen durch die Konfrontation ein gemeinsames Verständnis über die zentralen Fragen in der Teamentwicklung finden. Die folgenden Aspekte sind in der Konfrontationsphase immer wieder Gegenstand von Auseinandersetzungen.

Unterschiedliche Ziele

Teamziele: Basis für gemeinsames Arbeiten

Die Ziele des Teams sind durch den Projektauftrag vorgegeben. Jedes Teammitglied hat jedoch noch eigene Ziele, die es mit der Arbeit im Projektteam verbindet, und zwar vor allem berufliche und persönliche Ziele. Nur dann, wenn das Projektziel sich mit den Zielen der Mitglieder im Team vereinbaren lässt, werden die Teammitglieder das Engagement und die Energie aufbringen, den Projektauftrag zu erfüllen. Oft ist das Projektziel den Teammitgliedern nicht klar, oder es wird von jedem anders verstanden. Meist können auch die Teammitglieder ihre eigenen Ziele nicht klar formulieren. Durch eine Zielklärung wird erreicht, dass im Team ein gemeinsames Verständnis über das Projektziel besteht, jedes Teammitglied sich selbst über seine eigenen Ziele im Klaren ist und die Teammitglieder ihre Ziele untereinander kennen.

Zielklärung im Team

Unter dem Aspekt der Zielklärung im Team müssen folgende Fragen bearbeitet werden:

- Welche Vorstellungen hat jeder Einzelne über die von außen vorgegebenen Teamziele?

- Welche beruflichen und persönlichen Ziele werden von jedem einzelnen Teammitglied verfolgt?
- Wo gibt es Übereinstimmungen oder Differenzen?
- Wie gehen der Einzelne und das Team mit den Differenzen um?

Aufgabenklärung: Jeder weiß, was er zu tun hat

Basis für die Zusammenarbeit

Nur wenn klar ist, welche Aufgabe das Team und die einzelnen Teammitglieder haben, werden Doppelarbeiten, Leerlauf und Orientierungslosigkeit vermieden. Die Klärung der Aufgaben erfolgt durch die Zuordnung der Arbeitspakete zu den einzelnen Teammitgliedern: Was wird vom wem bis wann erledigt?

Bei der Aufgabenverteilung gibt es vier Aspekte: Kompetenz, Interesse, Auslastung und Entwicklung. Eine für das Projekt entscheidende Aufgabe muss von dem Projektmitglied übernommen werden, das dafür die größte Kompetenz und Erfahrung hat. Alle anderen Aufgaben sollten nach Interesse verteilt werden. Bei den jetzt noch übrig bleibenden Aufgaben ist die Auslastung der Teammitglieder ein entscheidendes Kriterium. Diese sollten unter diejenigen verteilt werden, die nicht so stark ausgelastet sind, sofern sie dafür fachlich qualifiziert sind. Einige Aufgaben sollten Projektmitarbeitern übertragen werden, die dadurch ihre Kompetenzen erweitern oder eine neue Kompetenz erwerben können.

Die Aufgabenverteilung ist ein Prozess, der ausgehandelt wird. Verfallen Sie als Projektleiter nicht dem Irrglauben, Sie wüssten genau, welche Aufgabe für wen geeignet ist. Das können die Teammitglieder oft viel besser einschätzen. Das heißt aber nicht, dass Sie sich aus diesem Prozess heraushalten können. Sie müssen Ihre Einschätzung in die Diskussion einbringen. Fragen Sie nach, wenn Sie sich bei einer Aufgabenzuordnung nicht sicher sind, dass diese richtig ist.

Der Zeitfaktor

Zeit ist die kostbarste Ressource, die ein Projektteam hat. Enge Termine, knappe Zeitbudgets der Projektmitarbeiter und die für die Entwicklung des Teams erforderlichen Zeiten müssen ausbalanciert werden. Sowohl jeder Einzelne als auch das gesamte Team muss deshalb klären, wie das Zeitbudget verteilt ist.

Das Zeitbudget wird auf verschiedene Tätigkeitskategorien verteilt. Zu den wichtigsten Kategorien gehören: die Hauptaufgabe, Zeit für gemeinsame Entscheidungen im Team und Störungen und Konflikte sowie Zeiten für das Erlernen neuer Fähigkeiten.

Berufliche Identität: sich im Team wiederfinden

Team und Karriere

Zur beruflichen Identität gehört alles, was ein Teammitglied im Hinblick auf seine Rolle im Beruf für wesentlich hält – vor allem seine Stärken und Schwächen im Beruf. Für das einzelne Teammitglied sind mit der Übernahme einer Rolle im Team immer auch Karriereerwartungen erfüllt – oder auch nicht erfüllt. Die Motivation, eine bestimmte Rolle im Team einzunehmen, wird durch die Karrierevorstellung bestimmt. Zur beruflichen Identität gehören auch der persönliche Arbeitsstil und die Werte und Normen, welche das Berufsleben geprägt haben. Diese Aspekte bestimmen die Anforderungen, die jedes Teammitglied an seine Kollegen, aber auch vor allem an den Projektleiter hat. Wenn jedes Teammitglied genügend über die Aspekte der Berufsrolle der anderen Teammitglieder weiß, fällt es ihm leichter, die Reaktionen der anderen Teammitglieder zu verstehen und zu akzeptieren.

Berufliche Identität

Um die berufliche Identität der einzelnen Teammitglieder transparent zu machen, müssen folgende Fragen bearbeitet werden:

- Wie sieht die Geschichte eines jeden Teammitglieds aus? Was waren die entscheidenden Stationen seines Berufslebens?
- Wie schätzt jeder seine eigenen Stärken und Schwächen ein? Wie die der anderen?
- Was will jeder nach Abschluss des Projektes erreicht haben in Bezug auf seinen Know-how-Aufbau, seine Karriere und die Anerkennung im Team?
- Wodurch würde jeder seinen eigenen Arbeitsstil charakterisieren? Wie den der anderen?

Teamkultur: Werte und Normen bestimmen Handeln

Die persönliche Geschichte

Werte und Normen werden während der individuellen Lebensgeschichte der Teammitglieder und durch ihr Berufsleben geprägt. Durch seine persönliche Geschichte bringt jedes Teammitglied andere Werte und Normen in das Team ein. Insbesondere für Sie als Leiter ist es wichtig, die Werte und Normen der einzelnen

Teammitglieder zu kennen. Nur so können Sie Ihren Führungsstil flexibel und bezogen auf den jeweiligen Mitarbeiter ausrichten.

Jeder Einzelne im Team muss seine persönlichen Werte und Normen mit denen des Teams in eine Balance bringen. Dies kann er jedoch nur, wenn die Werte und Normen des Teams und der anderen Teammitglieder transparent sind.

Beziehungen in einer dynamischen Balance

Jedes Teammitglied ist eine eigene Persönlichkeit, die es so gut wie möglich in das Team einbringen möchte. Je mehr Elemente der eigenen Persönlichkeit im Team verwirklicht werden können, umso größer ist die Identifizierung mit dem Team. Es wird jedoch nie eine vollständige Übereinstimmung geben. Jedes Teammitglied muss einige Elemente seiner Persönlichkeit dem Teamgeist opfern. Andererseits erweitert auch jeder im Team seine eigene Persönlichkeit, indem er neue Elemente in seiner Persönlichkeit entwickelt.

Individualität und Teamkultur

Der Grad der Eingebundenheit beeinflusst die Motivation und das Engagement der einzelnen Teammitglieder. Jedes Teammitglied muss im Team den Platz gefunden haben, der für es passt. Ein Team kann umso besser funktionieren, je klarer die einzelnen Teammitglieder sich voneinander abgrenzen können und diese Grenzen respektieren.

Loyalität: das Team im Vordergrund

Grenzen der Loyalität

Die Loyalität der einzelnen Teammitglieder zum Team und zum Teamleiter ist unterschiedlich. Dies hat seinen Grund darin, dass jedes Teammitglied noch Beziehungen zu anderen Teams, Gruppen und Personen hat. Auch innerhalb von Teams gibt es verschieden starke Bindungen. Dadurch entstehen Subgruppen, die unterschiedliche Beziehungen zueinander haben. Die Teammitglieder können nicht allen Beziehungen gleichermaßen gerecht werden. Vor allem dann nicht, wenn damit unterschiedliche Ansprüche verbunden sind. Werden diese Sachverhalte klar besprochen und transparent gemacht, können die Teammitglieder die unterschiedlichen Loyalitätsverhältnisse verstehen und einschätzen.

Teamentwicklungsmaßnahmen: aus Erfahrungen lernen

In einem Team muss sich jedes Teammitglied persönlich entwickeln können, damit es akzeptiert und anerkannt wird. Menschen, die in Teams arbeiten, sind deshalb selbstbewusster und können sich in den unterschiedlichsten Gruppen behaupten.

Selbstreflexion

Teammitglieder lernen dies, indem sie sich mit ihren unbewussten Prozessen auseinander setzen. Nur so erfahren sie, welche ihrer Werte, Normen und Regeln die Arbeit unterstützen und welche nicht. Dazu brauchen sie die Fähigkeit, sich selbst aus einer Hubschrauberperspektive zu betrachten. Diese wird als Selbstreflexion bezeichnet.

Die Erfahrung zeigt, dass diese Lernprozesse nicht während des Arbeitsprozesses stattfinden können. Die Teammitglieder sind zu sehr mit der Projektaufgabe beschäftigt, als dass sie parallel dazu sich selbst beobachten und reflektieren könnten. Aus diesem Grund hat man Lernformen entwickelt, mit denen Teams ihren eigenen Lernprozess gestalten können.

Die Selbstreflexion in Teams lässt sich besonders gut in Teamentwicklungsmaßnahmen anregen und gestalten. Das sind Trainingssituationen mit allen Teammitgliedern einschließlich des Leiters. Durch die eingesetzten Methoden erfahren die Teammitglieder mehr über sich und das gesamte Team und können dadurch ihr Verhalten ändern. Dadurch wird die Arbeitseffektivität in der konkreten Arbeitssituation erhöht.

Ziele einer Teamentwicklung

Mit Teamentwicklungsmaßnahmen, die in einem Hotel oder Tagungshaus stattfinden sollten, werden folgende Ziele erreicht:

- Die Teammitglieder erkennen, welches Leistungsniveau sie selbst im Team haben und welches Leistungsniveau das gesamte Team hat. Damit können sie ihre Fähigkeiten besser in das Team einbringen.

- Die Verhaltensmuster zwischen den einzelnen Teammitgliedern werden erkennbar. Damit können Verhaltensmuster verändert werden, welche die Zusammenarbeit im Team erschweren.
- Die Gruppe entwickelt Fähigkeiten, Probleme zu erkennen, sie zu analysieren und Lösungen zu entwickeln.
- Die Gruppe erlernt neue Fähigkeiten und übt diese ein. Dies ist die Voraussetzung dafür, dass die Gruppe ungewohnte Tätigkeiten und Arbeitsabläufe bewältigt.
- Die Gruppe lernt, wie sie zu Entscheidungen kommt. Damit werden die Teammitglieder kompromissbereiter, und das Team ist fähig, einen Konsens bei unterschiedlichen Interessen zu erreichen.

Entwicklungsprozesse bewusst gestalten

Die Moderation von Teamentwicklungsmaßnahmen erfordert eine fundierte Ausbildung und viel Erfahrungen. Überlassen Sie die Moderation deshalb einem erfahrenen Teamberater. Im Folgenden beschreibe ich drei Veranstaltungsformen, die Sie initiieren können, um Lernprozesse im Team anzuregen.

Team-Kick-off: professioneller Start

Während das Projekt-Kick-off die Funktion hat, die Projektmitarbeiter mit dem Projekt und ihren Aufgaben vertraut zu machen, hat das Team-Kick-off die Funktion, die Teammitglieder arbeitsfähig zu machen. Ein Team-Kick-off dauert zwei oder drei Tage, in denen das Team vom Warming bis zum Norming begleitet wird.

Zusammenarbeit klären

Eine typische Teamentwicklungsmaßnahme startet mit dem Kennenlernen der Teammitglieder. Zu dieser Phase gehört auch, dass jedes einzelne Teammitglied nachvollziehen kann, warum es in das Team geholt wurde. Im Mittelpunkt steht, Antworten auf die Frage „Was motiviert uns, diese Aufgabe auszufüllen?“ zu finden.

Im Mittelpunkt des Team-Kick-offs steht die Zusammenarbeit zwischen den Teammitgliedern und dem Projektleiter. Eine Teamübung zeigt dem Team sehr schnell, wo es gut zusammenarbeitet und an welchen Stellen es Schwierigkeiten gibt. Nach zwei Tagen intensiver Zusammenarbeit kann dann das Team die Frage „Wer sind wir?“ beantworten.

Den Standort bestimmen

Die anfangs festgelegten Regeln, Rollen und Verfahren werden durch die Entwicklung überholt. Vielleicht sind neue Teammitglieder hinzugekommen, andere haben das Team verlassen. Mit der Standortbestimmung werden die Positionen der einzelnen Teammitglieder, die sich durch die Veränderungen ergeben haben, für jedes andere Teammitglied transparent. Die Rollen, Regeln und Arbeitsverfahren können so korrigiert und der neuen Teamsituation angepasst werden.

Diagnose und Analyse

Die Standortbestimmung beginnt mit einer Diagnose des Teams. Hierzu hat der Teamberater zwei Möglichkeiten. Er kann entweder die Teammitglieder befragen und ihnen ein Bild ihrer Situation zurückspiegeln. Oder er stellt den Teammitgliedern Fragen, die diese zu Beginn der Teamentwicklungsmaßnahme beantworten. In der sich anschließenden Besprechung analysieren die Teilnehmer dann selbst ihre Situation im Team.

Abschied von einer erfolgreichen Zeit

Emotionaler Druck weicht

Mit dem Teamabschluss bewältigen die Teammitglieder emotional ihre Entwicklung während des Projektes. Es gab Konflikte, aber auch freudige Ereignisse. Diese erzeugen eine innere Spannung, die während des Projektes oft nicht abgebaut werden kann, weil dazu die Zeit oder die Gelegenheit fehlt.

Ein zweiter Schwerpunkt ist der Rückblick auf das Projekt: „Wie gut war der Projektverlauf? Wie konnte ich mich in das Team einbringen? Wie zufrieden bin ich mit dem Ergebnis? Wie hilfreich war die Projektleitung? Was haben wir gelernt? Und was sollten wir das nächste Mal anders machen?“ Die Antworten auf diese Fragen sollten als „Lessons Learned“ dokumentiert werden. Dies sind kleine Berichte, welche die Lernerfahrung festhalten.

Der Abschied

Der letzte Punkt eines Teamabschlusses ist der Abschied. Abschiede sind emotional bewegende Momente. Der Teamberater muss hier mit seinem Einfühlungsvermögen eine Form finden, mit der sich die Teammitglieder angemessen verabschieden können. Wenn am Ende des Projektes das Team stolz auf seine Leistungen ist, dann ist dies auch ein Teil Ihrer Leistung.

6. Meetings und Workshops: Entscheidungs- und Problemlösungsprozesse in Gruppen moderieren

Eine Diskussion ist unmöglich mit jemandem, der vorgibt, die Wahrheit nicht zu suchen, sondern schon zu besitzen.

ROMAIN ROLLAND, 1866–1944,
FRANZÖSISCHER SCHRIFTSTELLER

Es ist Montagmorgen, 8 Uhr. In einer Stunde beginnt das wöchentliche Team-Meeting. Es ist die einzige Gelegenheit in der Woche, bei der alle Projektmitarbeiter für zwei Stunden zusammenkommen. Viele Teammitglieder halten diese Meetings für überflüssig. Sie meinen, dass man sie dadurch nur von ihrer Arbeit abhält. Insbesondere dann, wenn für das eigene Arbeitspaket die Zeit knapp wird, suchen sie eine Ausrede, um nicht am Team-Meeting teilnehmen zu müssen.

Das Dilemma

Es gibt Projektleiter, die hier schon resigniert haben. Sie sagen: „Keinem kann man es recht machen. Führe ich Team-Meetings durch, dann haben die Teammitglieder immer was anderes zu tun; mache ich keine, dann bin ich nicht über den Arbeitsstand und die Probleme informiert, und die Teammitglieder wissen zu wenig voneinander.“

Kann man Team-Meetings so durchführen, dass alle etwas davon haben? In diesem Kapitel erhalten Sie Antworten auf folgende Fragen:

- Wie können sich Projektleiter und Teammitglieder auf ein Team-Meeting vorbereiten?
- Was ist bei der Leitung eines Meetings und der Moderation eines Workshops zu beachten?
- Welche Arbeitstechniken sind dafür geeignet?

Meeting und Workshop: zwei Arbeitsformen für gemeinsames Arbeiten

Im Projektteam arbeiten die Teammitglieder miteinander – und nicht nebeneinander. Dies ist der wesentliche Unterschied zur Arbeit in einer Organisation. Dort arbeiten die Mitarbeiter nebeneinander, wie an einem Fließband. Miteinander arbeiten heißt aber auch immer: miteinander reden. Sie müssen sich immer wieder darüber verständigen, wie ihre individuellen Tätigkeiten zusammenhängen, was andere geplant haben, welche Unterstützung sie von anderen benötigen und welche Zuarbeiten sie für ihre Kollegen erledigen müssen. All das lässt sich nicht bis in das kleinste Detail planen. Dazu werden viel zu viele Abhängigkeiten erst während des Projektes erkannt.

Kommunikation im Team

Die Kommunikation über die Arbeit im Team hat zwei Funktionen:

- Verständigung über den Arbeitsfortschritt und die Abstimmung von Aktivitäten und
- Entwicklung von Ideen, Lösung von Problemen und die gemeinsame Planung von Aktivitäten.

Im ersten Fall informieren sich die Teammitglieder gegenseitig und treffen Entscheidungen. Damit liegen die Fakten auf dem Tisch und jede Entscheidung kann sofort umgesetzt werden. Im zweiten Fall werden die verschiedenen und oft sehr unterschiedlichen Meinungen im Team zusammengebracht. Durch die Diskussion kristallisieren sich Problem- und Fragestellungen heraus, die oft erst nach einer intensiven Auseinandersetzung gelöst werden können. Auch hier werden Entscheidungen getroffen. In den meisten Fällen werden sie aber erst mittel- oder langfristig wirksam. Für jede Funktion wird eine andere Arbeitsform benötigt. Für die erste eignen sich Meetings, für die zweite Workshops.

In einem Meeting oder einer Besprechung kommen die Projektmitglieder zusammen, um sich gegenseitig zu informieren, konkrete, vorher bekannte Fragen und Probleme zu besprechen und Entscheidungen über die Fortführung der Arbeit zu treffen.

Workshops werden durchgeführt, um Ideen zu entwickeln oder Probleme zu klären. Die genaue Frage oder Problemstellung wird oft erst während des Workshops transparent.

Die Balance in der Gruppe

Beispiel

Herr Müller eröffnet die Besprechung. Die Teilnehmer beginnen, sich über den ersten Tagesordnungspunkt sachlich zu unterhalten. Plötzlich greift Herr Meyer Herrn Schmidt an. Sein Standpunkt sei vollkommen unakzeptabel, sagt Herr Meyer. Die Diskussion konzentriert sich von jetzt an auf Herrn Meyer. Alle versuchen, seinen Standpunkt als ungerecht hinzustellen. Als diese Diskussion kein Ende findet, greift Herr Müller ein. Er stellt die Frage, warum sich alle so engagiert mit Herrn Meyers Beitrag auseinander setzen. Nach kurzem Schweigen beantwortet Frau Becker die Frage. Der Beitrag von Herrn Meyer habe alle angegriffen, meint sie. Alle wären schon fast zu einer Lösung in der Sache gekommen. Herrn Meyers Beitrag hätte wieder alles zurückgedreht. Daraufhin begründet Herr Meyer seinen Angriff. Er befürchtet, dass er die diskutierte Lösung in seinem Teilprojekt nicht durchsetzen kann.

So oder ähnlich verlaufen viele Meetings oder Workshops. Sie beginnen mit einem Sachthema und nehmen plötzlich eine unerwartete Wendung. Ein Beziehungsthema rückt in den Vordergrund. Erst dann, wenn dieses besprochen ist, kann die Gruppe wieder zum Sachthema zurückkehren.

Diskussionen in einer Gruppe sind ein sachlicher, aber vor allem auch sozialer Prozess. Ruth Cohn, eine Psychoanalytikerin aus den

USA, hat dafür das Modell der Themenzentrierten Interaktion entwickelt, ein nützliches Instrument, das Ihnen hilft, vor allem den sozialen Prozess einer Moderation zu steuern.

Die Themenzentrierte Interaktion ist ein Modell, das die Interaktionen in Gruppen beschreibt. Das Modell geht davon aus, dass jede Gruppeninteraktion aus drei Faktoren besteht: dem Ich (der Persönlichkeit), dem Wir (der Gruppe) und dem Es (dem Thema).

Diese Gruppeninteraktion ist dabei eingebettet in das soziale Umfeld, in dem sich die Gruppe befindet – wie beispielsweise der Zeit, dem Ort und den sozialen und historischen Gegebenheiten. Dieser Sachverhalt ist in der Abbildung 10 dargestellt.

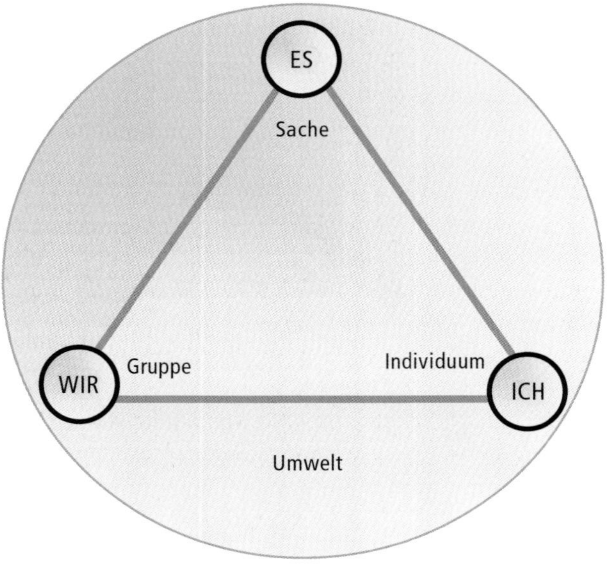

Abbildung 10: Die Persönlichkeit der Gruppenmitglieder, die Gruppe selbst und das Thema müssen sich in einer ständigen Balance befinden

Balance von Wir, Ich und Es

Wenn die Gruppe sich nicht für das Thema interessiert, ist dies ein Zeichen dafür, dass einzelne Personen oder die Gruppe als Ganzes auf sich aufmerksam machen wollen. Geben Sie diesem Bedürfnis nach, damit die Gruppe wieder fähig wird, sich dem Thema zuzuwenden. Dominiert eine Person mit ihren Bedürfnissen zu stark, müssen Sie dafür sorgen, dass die Interessen die Gruppe und damit die anderen Teilnehmer ihre Interessen in die Diskussion einbringen können. Beschäftigt sich eine Gruppe zu sehr mit sich selbst, so muss das Interesse wieder auf das Thema gelenkt werden.

Die Beziehung zwischen den drei Punkten ist keine statische, sondern ein dynamische. Die Balance muss immer wieder neu hergestellt werden, da sich während des Prozesses die Beziehung zwischen den Punkten ständig ändern kann.

Die Themenzentrierte Interaktion formuliert zwei Postulate für den Umgang mit Gruppen. Werden sie eingehalten, dann stellt sich ein Gleichgewicht zwischen den Punkten Thema, Persönlichkeit und Gruppe her:

1. *Sei dein eigener Chairman!*
2. *Störungen haben Vorrang!*

Verantwortung nur für sich selbst

Postulat 1 bedeutet, dass sowohl Sie als auch jeder Teilnehmer für sich selbst verantwortlich ist, nicht aber für die Handlungen von anderen. Sensibilisieren Sie die Teilnehmer in der Gruppe, sich selbst und andere ohne Wertung wahrzunehmen. Bei einer Moderation hat jeder Teilnehmer zu 100 Prozent subjektiv Recht. Das heißt, dass alle diese Meinung respektieren und akzeptieren. Dieses Postulat legt die Basis dafür, dass die Teilnehmer keine Meinungen zurückhalten. Auf diese Weise werden viele Aspekte in die Gruppe eingebracht und tragen zur Lösungs- und Entscheidungsfindung bei.

„Ich habe eine Störung." Dies ist ein Satz, mit dem ein Teilnehmer die Diskussion unterbricht, um einen Sachverhalt anzusprechen, der nach seiner Meinung die weitere Arbeit in der Gruppe stört. Und Postulat 2 bringt zum Ausdruck, dass diese Störung bearbeitet werden muss.

Impulse für Veränderungen

Bei Störungen kann es um ganz einfache Dinge gehen. Zum Beispiel: Es ist zu heiß oder zu kalt im Raum, oder ein Teilnehmer kann sich nicht mehr konzentrieren. Störungen können aber auch grundlegende Sachverhalte sein. Beispielsweise dann, wenn ein Teilnehmer erkennt, dass er Nachteile befürchten muss, wenn er an der Lösung mitgearbeitet hat, die sein Chef ablehnen wird. Störungen sind im Grunde positive Signale. Sie geben Impulse für eine Veränderung, durch welche die Teilnehmer besser am Thema arbeiten können.

Je mehr Störungen unterdrückt werden, umso stärker treten sie in Randerscheinungen auf. Zum Beispiel sucht die Gruppe Rechtfertigungen oder diskutiert lang und breit ein Nebenthema. Störungen erkennt man durch eine sensible Wahrnehmung der Stimmung der Gruppe. Sie liegen sozusagen in der Luft. Ob es sich tatsächlich um eine Störung handelt, müssen Sie als Leiter oder Moderator von der Gruppe erfragen.

Meetings: gemeinsam Informationen austauschen und Entscheidungen treffen

Vor jedem Meeting sollten Sie sich immer zuerst diese Frage stellen: Ist für das Problem wirklich ein Meeting notwendig? Denn Meetings sind teure Arbeitsformen. Wenn Sie je Mitarbeiter nur 100 Euro je Stunde rechnen, so kostet schon ein zweistündiges Meeting mit zehn Mitarbeitern 2.000 Euro. Hinzu kommen meist noch die Raum- und Bewirtungskosten. Aber das ist nur eine Seite. Mitarbeiter, die an einem Meeting teilnehmen müssen, zu dem sie nichts beitragen können, werden aus ihrer Tätigkeit herausgerissen. Ihre Arbeit bleibt liegen, während sie sich in einem Meeting langweilen.

Funktion von Meetings

Keine Meetings durchzuführen, ist aber ebenso falsch. Meetings sind eine sehr effektive Arbeitsform, wenn verschiedene Personen unterschiedliches Wissen über ein Problem haben und die Entscheidung nur gemeinsam gefällt werden kann. Dafür gibt es zwei Gründe:

1. Bei der Entscheidung müssen unterschiedliche Aspekte gegeneinander abgewogen werden.
2. Die Betroffenen akzeptieren und setzen die geplanten Maßnahmen häufig nur dann um, wenn man sie an der Entscheidung beteiligt hat.

Planen Sie ein Meeting nur dann, wenn Informationen nicht auf andere Weise weitergegeben werden können, für die Lösung des Problems alle Beteiligten erforderlich sind oder für eine Entscheidung alle relevanten Personen einbezogen werden müssen. Bereiten Sie ein Meeting gründlich vor. Eine gute Vorbereitung ist die Voraussetzung für ein erfolgreiches Meeting. Mit ihr stellen Sie sicher, dass im Meeting keine Zeit für organisatorische Fragen, Zielklärung oder die Erstellung der Tagesordnung verschwendet wird.

Vier Meetingformen

In Projekten führen Sie nicht nur Team-Meetings durch. Meetings finden auch mit Kunden, Unterauftragnehmern, Zulieferern und anderen Projektbeteiligten statt. Die Inhalte dieser Meetings sind sehr unterschiedlich. Die Planung, Durchführung und Nachbereitung ist aber bei allen gleich. Dies gilt auch für die folgenden vier typischen Meetingformen, mit denen die Projektarbeit koordiniert und gesteuert wird:

- Die Sitzung des *Projektlenkungsausschusses* ist das Meeting, in dem für das Projekt wichtige Personen zusammenkommen. In ihm werden die Entscheider über den Projektfortschritt informiert, und es wird über den Projektfortgang entschieden. Ihre Aufgabe in diesem Meeting ist es, Informationen so aufzubereiten, dass die Teilnehmer die Sachlage schnell erkennen können und alle Informationen für die Entscheidungsfindung haben.

- Im *Projektleiter-Meeting* treffen sich die Teilprojektleiter. Mit diesem Meeting werden die Aktivitäten in den einzelnen Teilprojekten koordiniert. Dazu müssen sich die Teilnehmer gegenseitig über ihre Aktivitäten informieren. Im Projektleiter-Meeting werden Probleme gelöst und Entscheidungen gefällt, welche die Zusammenarbeit im Gesamtprojekt betreffen.

- Das *Team-Meeting* ist die gemeinsame Kommunikationsplattform im Team. Hier kommen alle Teammitglieder zusammen. Die Teammitglieder koordinieren hier ihre Tätigkeiten im Projekt und fällen Entscheidungen, die ihre Arbeit betreffen. Es hat eine wichtige emotionale Bedeutung für das Team. In jedem Team-Meeting erneuern und vertiefen die Teilnehmer ihre Beziehungen. Deshalb gehören neben den Sachthemen auch Themen in das Team-Meeting, welche die Zusammenarbeit im Team betreffen.

- *Meetings zu konkreten Problemstellungen* sind dann erforderlich, wenn im Projekt ein Problem auftaucht, das nur gemeinsam mit allen Beteiligten gelöst werden kann. Diese Meetings werden ad hoc durchgeführt. Ihre Agenda wird von dem jeweils zu lösenden Problem bestimmt.

Eine gute Vorbereitung ist unerlässlich

Mit der Vorbereitung zu einem Meeting stellen Sie sich mental auf das Meeting ein. Sie durchdenken die wichtigen Punkte und legen für sich persönlich fest, was Sie mit dem Meeting erreichen wollen. Je klarer Ihr Bild von dem Meeting ist, umso klarer und strukturierter werden Sie die Besprechung leiten.

Besprechungsanlass

Am Anfang jeder Vorbereitung steht die Frage: Warum soll die Besprechung gerade jetzt stattfinden? Mit der Antwort auf diese Frage ermitteln Sie den Besprechungsanlass. Er macht Ihnen und den Teilnehmern die Bedeutung des Meetings deutlich. Vielleicht gab es schon Aktivitäten zu diesem Thema, die im Meeting zusammengeführt werden müssen, damit ein Aspekt des Projektes bearbeitet werden kann. Ein anderer Grund für ein Meeting kann auch sein, dass die Lösung des Problems drängt und alle anderen Formen, das Problem zu lösen, zu langwierig oder umständlich sind. Ein Meeting lohnt sich nur dann, wenn dadurch das Projekt einen Schritt weiterkommt.

Besprechungsziel

Aus dem Besprechungsanlass lässt sich das Besprechungsziel sehr schnell finden. Formulieren Sie das Ziel der Besprechung einfach, unmissverständlich und nachvollziehbar. Nach dem Meeting kann dann jeder einschätzen, ob das Ziel erreicht wurde oder Folgemaßnahmen vereinbart werden müssen. Das Ergebnis einer Besprechung muss dokumentiert werden können, sei es in Form eines Protokolls oder einer Aktivitätenliste.

Teilnehmerkreis

Nichts demotiviert einen Teilnehmer in einem Meeting mehr als die Feststellung: „Eigentlich hätte ich nicht dabei sein müssen." Überlegen Sie deshalb genau die Zusammensetzung des Teilnehmerkreises. Eine Faustregel für die Zusammensetzung der Teilnehmer ist: so wenig wie möglich, aber so viele wie nötig. Bedenken Sie auch, welche Ziele die Teilnehmer haben. Diese können durchaus von Ihren Zielen abweichen. Zum Beispiel möchten Sie das Thema endgültig lösen. Die meisten Teilnehmer sind aber nur an einer ersten Information interessiert.

Jeder Teilnehmer hat seine eigenen Vorstellungen zum Thema. Effektiv ist ein Meeting nur dann, wenn alle Teilnehmer von einem gleichen Wissensstand ausgehen. Das Vorwissen und die Vorbereitung der Teilnehmer entscheidet darüber, wie schnell Sie ein Thema behandeln können. Sind die Teilnehmer nicht informiert, müssen Sie zu Beginn des Meetings viel Zeit darauf verwenden, den Informationsstand der Teilnehmer auszugleichen. Tun Sie dies nicht, fühlen sich die nicht informierten Teilnehmer benachteiligt und tragen vielleicht die Lösung für das Problem oder die Entscheidung nicht mit. Verteilen Sie deshalb vor der Besprechung alle relevanten Informationen und motivieren Sie die Teilnehmer, sich vorzubereiten.

Hindernisse und Tabus

Hindernisse, Konflikte und Tabus sind Punkte, die den Erfolg eines Meetings verhindern können. Sie werden diese nur zum einen Teil vor der Besprechung ausräumen können. Wenn Sie jedoch den Blick dafür schärfen und auf Einwände vorbereitet sind, können Sie im Meeting besser reagieren und Alternativen für die Vorgehensweise vorschlagen.

Sie und die Teilnehmer handeln in einem Projekt nicht autark. Jeder ist an Abhängigkeiten und Weisungen gebunden. Im Meeting muss klar sein, wer welche Entscheidungsbefugnis hat. Die Entscheidungsbefugnis der Teilnehmer legt die Verbindlichkeit des Ergebnisses fest. Ein Lenkungsausschuss kann verbindliche Entscheidungen treffen. Ein Teilprojektleiter-Meeting braucht für bestimmte Entscheidungen noch die Zustimmung des Lenkungsausschusses.

Ort, Zeit und Rahmenbedingungen

Die Wahl von Ort und Zeit für ein Meeting hängt von vielen Faktoren ab: Wann ist für Sie selbst der beste Zeitpunkt? Gibt es einen Termin, bis zu dem das Problem gelöst oder eine Entscheidung gefällt sein muss? Und ist zu diesem Termin auch ein Raum für das Meeting verfügbar? Stimmen Sie auf jeden Fall den Termin mit den Terminkalendern der Teilnehmer ab. Nur so können Sie sicher sein, dass auch alle Teilnehmer, die Sie für das Meeting brauchen, kommen können.

Die Rahmenbedingungen – wie der Raum, die Ausstattung mit Medien, die Bewirtung und die Besprechungsatmosphäre – beeinflussen den Verlauf des Meetings indirekt. Wenn sich Teilnehmer in einer Besprechung wohl fühlen, können Sie sich viel besser auf das Thema und schwierige Diskussionen einlassen. Prüfen Sie auf jeden Fall vor der Buchung des Raumes, ob Raumausstattung und Raumeinrichtung für das Meeting geeignet sind.

Agenda

Aus der Tagesordnung oder Agenda können die Teilnehmer erkennen, was sie auf dem Meeting erwartet und wie sie sich vorbereiten müssen.

Die Agenda sollte deshalb mindestens die folgenden Angaben enthalten:

- Ort, an dem das Meeting stattfindet,
- Beginn und Ende des Meetings,
- Punkte, die auf dem Meeting besprochen werden,
- Zeiten, in denen Pausen vorgesehen sind,
- der Verantwortliche oder ein Ansprechpartner für das Meeting und
- die Teilnehmer und – falls erforderlich – der Verteiler mit den Namen derjenigen, an die die Agenda ebenfalls versandt wurde.

Einladungsschreiben

Mit dem Einladungsschreiben teilen Sie den Teilnehmern die formalen Daten der Besprechung mit. Nur in den seltensten Fällen besitzen Sie als Projektleiter die Autorität, Teilnehmer zu einem Meeting zu bestellen. Aber selbst dann sind Sie im Meeting auf die Mitarbeit der Teilnehmer angewiesen. Werben Sie deshalb für das Anliegen, das Sie mit dem Meeting haben. Damit motivieren Sie die Teilnehmer zur Mitarbeit. In der Einladung können Sie den Anlass des Meetings schildern und das Ziel darstellen. Vielleicht heben Sie die wichtigsten Punkte der Agenda in der Einladung besonders hervor. Die Einladung können Sie auch dazu nutzen, den Teilnehmern Hinweise zur Vorbereitung zu geben und darzustellen, welcher Beitrag von ihnen erwartet wird.

Inhalt, Struktur und die Interaktion der Teilnehmer beachten

Besprechungsleitung

Ob eine Besprechung effektiv ist oder nicht, hängt auch von der Besprechungskultur ab. Wie offen sind die Teilnehmer? Welches Vertrauen haben sie untereinander und zum Besprechungsleiter? Hört man sich gegenseitig zu? Beteiligt man sich engagiert an der Diskussion? Der Besprechungsleiter muss neben den Sachthemen immer auch die emotionalen Aspekte im Blick haben. Die Teilnehmer sind mit ihren Stimmungen, Einstellungen, Erwartungen und der persönlichen Betroffenheit zu den Themen ins Meeting gekommen.

Klare Struktur als Orientierungshilfe

Einleitung und Tagesordnung

Jedes Meeting hat unabhängig von den Themen eine klare Grundstruktur. Diese beginnt mit der Einleitung, bei der das Ziel und die Erwartung an das Ergebnis vorgestellt werden. Sinnvoll ist es, Regeln für die Besprechung zu vereinbaren, etwa: Handys werden immer stumm geschaltet; bei Wortmeldungen hebt jeder die Hand; Teilnehmer werden nicht unterbrochen. Die Teilnehmer müssen auch die Gelegenheit haben, ihre persönliche Einstellung und ihr Interesse am Meeting zu formulieren. Deshalb gehört zur Einleitung auch immer die Frage: „Was erwarten Sie von diesem Meeting?"

Der Inhalt eines Meetings wird durch die Diskussion der Teilnehmer bestimmt. Diese Diskussion müssen Sie initiieren. Hierzu eignen sich besonders Fragen, welche die Teilnehmer bewegen, ihren Diskussionsbeitrag einzubringen. Wenn die Diskussion vom Thema abweicht, ist es Ihre Aufgabe, die Teilnehmer wieder auf den Kern der Diskussion zu konzentrieren. Eine wichtige Hilfe für die Teilnehmer sind Zusammenfassungen der Diskussion, bei der die wichtigen Aspekte hervorgehoben werden.

Besprechung eines Themas

Der Verlauf wird wesentlich durch die Art der zu besprechenden Punkte bestimmt. Aber bei jedem Punkt sollten folgende Schritte eingehalten werden:

- Stellen Sie als Besprechungsleiter jeden Punkt vor. Erläutern Sie, warum er auf der Agenda steht und welches Ergebnis erreicht werden soll.
- Wählen Sie eine geeignete Besprechungsmethode. Dies kann eine Präsentation sein, ein Brainstorming, die Erstellung einer Liste von Alternativen oder ein Entscheidungsprozess.
- Visualisieren Sie das Ergebnis sichtbar. Stellen Sie sicher, dass dieses von allen Teilnehmern getragen wird. Hier kann die Regel „Schweigen ist Zustimmung“ gelten oder aber auch eine explizite Abstimmung durchgeführt werden. Auf jeden Fall ist das Ergebnis immer ein Beschluss im Meeting, an den alle Teilnehmer gebunden sind.

In der letzten Phase des Meetings müssen die wichtigsten Beschlüsse zusammengefasst werden. Zudem ist festzulegen, welche Aktivitäten nach dem Meeting durchzuführen sind. Zum Abschluss sollte eine kurze Feedback-Runde durchgeführt werden, die jedem Teilnehmer die Gelegenheit gibt, seine persönliche Zufriedenheit, aber auch Unzufriedenheit mit dem Meeting zu äußern.

Die Aufgabe des Besprechungsleiters ist es, dem Meeting eine Struktur zu geben und um die Aufmerksamkeit der Teilnehmer zu werben. Wenn Sie eine Besprechung leiten, dann hängt deren Verlauf von Ihrer Fähigkeit ab, an jeder Stelle des Meetings die Situation zu analysieren und Wege für den weiteren Diskussionsverlauf anzubieten.

Die Grundstruktur der Besprechung geben Sie durch die folgenden drei Elemente vor: Ziel, Agenda und Regeln in der Besprechung.

Grundstruktur eines Meetings

Während der Besprechung müssen Sie darauf achten, dass diese Struktur eingehalten wird. Ein wichtiger Punkt dabei ist die Zeit. Falls diese nicht ausreicht, das Thema in aller Tiefe zu besprechen, sollten Sie mit den Teilnehmern entweder eine Verlängerung der Zeit vereinbaren oder den Punkt vertagen. Struktur geben Sie einem Meeting auch dadurch, dass Sie Arbeitsmethoden für die Bearbeitung der Themen vorschlagen, Ergebnisse visualisieren und Aufgaben in der Besprechung verteilen.

Die Diskussion fördern

Achten Sie im Meeting immer darauf, dass die Teilnehmer innerlich beteiligt sind. Dies stellen Sie an deren Blicken fest. Verfolgen die Teilnehmer die Beiträge der anderen Teilnehmer mit ihren Blicken und signalisieren sie durch ihre Körperhaltung Zustimmung oder Ablehnung, dann sind sie voll mit ihren Gedanken bei der Besprechung. Fördern Sie die Aktivität der Teilnehmer, falls Sie das Gefühl haben, dass diese sich mit Beiträgen zurückhalten. Stellen Sie Fragen, um die Teilnehmer zu aktivieren. Unterstützen Sie bewusst die konstruktiven Teilnehmer. Damit fördern Sie automatisch ein konstruktives Besprechungsklima. Lassen Sie Konfrontationen zu. Dies hilft, die unterschiedlichen Standpunkte klar herauszuarbeiten.

Die Diskussion in einem Meeting steuern Sie durch Fragen. Dazu haben Sie die folgenden Möglichkeiten:

Fragen Sie nach Einstellungen und Meinungen

Teilnehmer aktivieren

- „Was denken Sie über ...?“
- „Woraus schließen Sie, dass ...?“

Mit diesen Fragen aktivieren Sie die Teilnehmer. Stellen Sie diese Fragen immer dann, wenn zu einem Punkt die Einschätzung der Teilnehmer wichtig ist. Durch die Antwort der Teilnehmer werden deren Interessen und Befindlichkeiten deutlich.

Teilnehmer direkt ansprechen

Fordern Sie die Beteiligung an der Diskussion ein

- „Herr Meier, was meinen Sie dazu?"
- „Frau Müller, wir kennen jetzt die Meinung von Herrn Meier. Was ist Ihre Meinung dazu?"

Stellen Sie diese Fragen dann, wenn die Meinungen von bestimmten Teilnehmern für die Diskussion wichtig sind. Immer dann, wenn sich Teilnehmer zurückhalten, können Sie nie sicher sein, ob diese Zurückhaltung Zustimmung oder Desinteresse bedeutet.

Sachverhalte klären

Lassen Sie sich Sachverhalte erklären

- „Herr Müller, Sie haben gerade den Kopf geschüttelt. Können Sie uns erklären, was Sie gerade bewegt?"
- „Frau Müller, Ihr Beispiel hat sich auf den Fall X bezogen. Gilt Ihre Aussage auch für andere Fälle?"

Fragen Sie nach, wenn ein Teilnehmer einen Sachverhalt unklar darstellt. Meist ist es den Teilnehmern nicht bewusst, dass für andere ihr Beitrag noch Unklarheiten enthält. Fragen Sie lieber einmal zu viel, als einmal zu wenig!

Sachverhalte konkretisieren

Regen Sie die Teilnehmer an, Beispiele zu nennen

- „Können Sie diesen Fall an einem Beispiel verdeutlichen?"
- „Herr Meier, ein konkretes Beispiel würde hier helfen, den Sachverhalt besser zu verstehen. Haben Sie ein solches Beispiel?"

Beispiele sind immer eine Hilfe, um abstrakte Sachverhalte zu konkretisieren. Sie sind meist die Probe dafür, ob allgemeine Vorschläge und Regeln sich tatsächlich in der Praxis umsetzen lassen. Je konkreter eine Diskussion geführt wird, desto klarer ist das Bild, das die Teilnehmer von der Lösung oder den Konsequenzen einer Entscheidung haben.

Vorschläge einfordern

Fragen Sie nach konkreten Vorschlägen

- „Wie können wir diesen Vorschlag konkret umsetzen?"
- „Welche Vorschläge haben Sie, wie wir mit den hier zusammengetragenen offenen Fragen weiter verfahren sollen?"

Mit diesen Fragen können Sie nach einer allgemeinen Besprechung eines Punktes die Diskussion auf die Lösung lenken. Fordern Sie Vorschläge ein, mit denen die Diskussionsergebnisse in die Praxis umgesetzt werden können.

Fordern Sie die Teilnehmer auf, ihre Meinung zu sagen

Meinungen erfragen

- „Stimmen wir darüber ab. Wer dafür ist, hebt die Hand."
- „Frau Müller, nachdem Sie jetzt Ihre Position ausführlich erläutert haben, möchte ich auch die anderen Teilnehmer nach ihrer Position fragen. Wer möchte damit beginnen?"

Gemeinsamkeiten und Unterschiede in einer Diskussion werden nur dann klar, wenn die Teilnehmer sich offen zu ihrer Position bekennen. Mit einer Meinungsumfrage stellen Sie Transparenz über die unterschiedlichen Meinungen bei den Teilnehmern her. Damit wird deutlich, ob eine Lösung oder Entscheidung von allen akzeptiert ist oder nicht.

Steuern Sie die Richtung der Diskussion

Zum Ziel führen

- „Stellen wir uns hier die richtigen Fragen?"
- „Es war wichtig, diesen Aspekt ausführlich zu beleuchten. Lassen Sie uns jetzt aber wieder zu unserem Hauptthema zurückkommen."

Mit diesen oder ähnlichen Fragen machen Sie die Teilnehmer darauf aufmerksam, dass die Diskussion aus Ihrer Sicht vom Ziel wegführt. Meist merken die Teilnehmer nicht, dass sie mit der Diskussion von der eigentlichen Frage abgekommen sind. Stellen Sie sich bei allen Diskussionsbeiträgen immer stillschweigend die Frage: Bringt uns dieser Beitrag jetzt weiter?

Fassen Sie Diskussionsstände zusammen

Diskussion bündeln

- „Bevor wir weitermachen, möchte ich Ihren Vorschlag nochmals zusammenfassen."
- „Ich habe eine Menge Vorschläge gehört. Könnte bitte jemand von Ihnen die wesentlichen Punkte zusammenfassen?"

Wenn die Diskussion unterschiedliche Aspekte transparent gemacht hat, hilft die Zusammenfassung, eine klarere Orientierung zu finden.

Emotionale Themen ansprechen

Drücken Sie Gefühle aus

- „Ich habe das Gefühl, dass Herr Müller seinen Standpunkt nicht erläutern konnte. Ich möchte ihm die Chance geben, dies zu tun."
- „Ich bin mit dem bisherigen Verlauf nicht zufrieden. Wir haben uns nach meiner Meinung sehr weit vom Ziel entfernt!"
- „Ich spüre, dass Sie alle sehr unruhig sind. Geben Sie mir bitte ein Feedback, ob ich hier richtig liege!"

Mit diesen oder ähnlichen Fragen können Sie die immer mitschwingende emotionale Ebene im Meeting bewusst ansprechen. Tun Sie dies, wenn Sie das Gefühl haben, dass emotionale Themen oder Faktoren die sachliche Diskussion beeinträchtigen. Äußern Sie dieses Gefühl sehr persönlich. Damit laden Sie die Teilnehmer ein, ihre persönliche Meinung zu äußern.

Ergebnissicherung für die Zeit nach dem Meeting

Visualisieren und Dokumentieren

„Können wir die erreichten Ergebnisse nicht auf dem Flipchart notieren, damit wir nicht immer wieder auf schon besprochene Punkte zurückkommen?" Wenn ein Teilnehmer diesen Satz in einem Meeting sagt, haben Sie vergessen, die wichtigen Punkte für alle transparent zu dokumentieren. Die Diskussion dreht sich im Kreis, weil jeder Teilnehmer eine andere Vorstellung von den erreichten Ergebnissen hat.

Eine gute Visualisierung der Besprechungsergebnisse schon während des Meetings hilft den Teilnehmern, die wichtigsten Punkte immer präsent zu haben. Dadurch werden nicht nur die besprochenen Themen festgehalten, sondern auch zusammengefasst, systematisiert und für das Gedächtnis aufbereitet.

Meist stehen dafür in Besprechungsräumen zwei Medien zur Verfügung: Flipchart und Whiteboard.

Jeder Teilnehmer nimmt von einem Meeting nur das mit, woran er sich erinnert oder was er in seinen persönlichen Notizen festgehalten hat. Die Ergebnisse sind jedoch immer eine gemeinsame Vereinbarung unter allen Teilnehmern, die nur in einem Protokoll objektiv festgehalten werden können. Aus diesem Grund ist ein Protokoll ein unverzichtbarer Bestandteil eines Meetings.

Protokoll

Ein Protokoll ist die formale Dokumentation des Meetings. Das Protokoll enthält immer das Datum und den Ort des Meetings, die anwesenden Teilnehmer und die besprochenen Ergebnisse. Das Protokoll ist die verbindliche Arbeitsgrundlage für alle Aktivitäten nach dem Meeting.

Die einfachste Form der Ergebnissicherung ist, die Mitschriften auf dem Whiteboard, Flipchart oder der Pinnwand mit einer Digitalkamera zu fotografieren und als Fotoprotokoll zu versenden. Bei Team-Meetings oder anderen Arbeits-Meetings im Projekt reicht diese Form der Dokumentation aus.

Bei offiziellen Meetings wie der Sitzung des Lenkungsausschusses, dem Teilprojektleiter-Meeting oder einer Besprechung mit dem Auftraggeber wird ein formales Protokoll erstellt. Dieses wird auch an Personen versandt, die nicht bei dem Meeting dabei waren. Deshalb muss es so formuliert sein, dass auch nicht bei der Besprechung Anwesende die Ergebnisse nachvollziehen können.

Nachbereitung: Nach dem Meeting ist vor dem Meeting

Ein guter Besprechungsleiter lernt nie aus. In der Besprechung haben Sie ein Feedback von den Teilnehmern erhalten. Sie wünschen sich in dem oder jenem Punkt eine Veränderung. Sie selbst haben vielleicht gemerkt, dass etwas nicht so gut oder anders lief, als Sie es sich vorgestellt haben. Nutzen Sie diese Impulse, um nach Punkten zu suchen, die Sie verändern können.

Feedbackkultur schaffen

In Projekten führen Sie Meetings meist immer wieder mit den gleichen Personen durch. Die beste Möglichkeit, den Meetingstil im

Projekt zu besprechen, ist es, eine Feedback-Kultur für Meetings zu schaffen. So erhalten Sie Impulse für die Verbesserung Ihrer Meetings. Schon während des Meetings können Sie sich Feedback einholen. Dies ist immer dann sinnvoll, wenn Sie merken, das Meeting läuft nicht so, wie Sie es geplant hatten.

After Action Review

Machen Sie nach jedem Meeting ein After Action Review. Dieses besteht darin, dass Sie jedem Teilnehmer die folgenden Fragen stellen:

- Was ist gut gelaufen?
- Was ist zufällig gut gelaufen?
- Was hat mich irritiert?
- Was sollte ich das nächste Mal nicht mehr machen?

Mit diesen vier Fragen erhalten Sie wichtige Hinweise bezüglich Ihres Meetingstils. Holen Sie sich bewusst ein Feedback von Teilnehmern ein oder diskutieren Sie dies mit einem Kollegen. Es gibt sicher auch Punkte, bei denen Sie sagen, das hätte ich nicht tun sollen. Achten Sie hier darauf, dass Sie solche Situationen vermeiden.

Workshops: Problemlösungsprozesse moderieren

Projektarbeit ist deshalb so interessant, weil durch Projekte immer wieder neue Frage- und Aufgabenstellungen gelöst werden. Besonders spannend wird diese Aufgabe dadurch, dass die Lösungen meistens keine Einzelleistungen sind, sondern dafür die gesamte Intelligenz der Projektmitarbeiter erforderlich ist. Workshops sind das Arbeitsinstrument, mit dem die Intelligenz eines Teams für die Lösung von Problemen genutzt wird.

Betroffene werden Beteiligte

Workshops werden durchgeführt, um ein Problem oder eine Fragestellung im Projekt zu analysieren und Lösungsmöglichkeiten zu erarbeiten. Sie dienen dazu, die unterschiedlichen Sichtweisen der Beteiligten für die Problemlösung zu nutzen und die Beteiligten zu motivieren, das Problem gemeinsam zu lösen. Der Vorteil dieser Vorgehensweise ist, dass von Anfang an alle Beteiligten an der Lösung beteiligt sind. Hierdurch entsteht bei ihnen eine hohe Motivation, nach dem Workshop aktiv an der Lösung zu arbeiten.

Moderationsmethode

Die Moderationsmethode hilft, dass Menschen gemeinsam strukturiert Probleme lösen können. Sie ist als fester Bestandteil von Gruppenarbeiten und aus der täglichen Projektarbeit nicht mehr wegzudenken und eine ideale Arbeitsform zur Gestaltung von Workshops.

Die Moderationsmethode stellt Arbeitstechniken – Moderationstechniken – zur Verfügung, mit denen die Teilnehmer eines Workshops gemeinsam an ihren Fragestellungen arbeiten. Für die Anwendung der Methode wurden Arbeitsmaterialien – Moderationsmaterialien – entwickelt, die die Anwendung der Techniken optimal unterstützen.

Mit der Moderationsmethode werden sowohl die kognitiven als auch die emotionalen Prozesse in einer Arbeitsgruppe gestaltet. Auf der kognitiven Ebene wird ein Thema, eine Aufgabenstellung oder eine Frage systematisch durch Arbeitsschritte strukturiert. Auf der emotionalen Ebene werden den Teilnehmern Reflexionsmöglichkeiten angeboten. Dadurch verschaffen sie sich selbst immer wieder einen Überblick, wie weit sie das Thema bearbeitet haben und welche Schwierigkeiten und Probleme sie sehen.

Arbeitsmedium Pinnwand

Für die Moderation wurde ein eigenes Arbeitsmedium entwickelt: die Pinnwand. Sie besteht aus einer Weichfaserplatte und hat eine Größe von 125 x 150 cm. In der üblichen Ausführung ist sie auf zwei Füßen montiert und dadurch frei beweglich im Raum aufstellbar. Auf die Pinnwand werden Papierbogen mithilfe von Pinnnadeln aufgespannt. Darauf werden beschriftete Kartonkärtchen, die Moderationskarten, mit Pins geheftet. Damit können auch komplexe Zusammenhänge gut visualisiert und während des Diskussionsprozesses verändert werden.

Problemlösungsprozess

Auf der kognitiven Ebene ist die Moderation ein Problemlösungsprozess, bei dem ein noch nicht klar definiertes Thema in drei Schritten bearbeitet wird:

- Im ersten Schritt werden die unterschiedlichen Aspekte des Themas sichtbar gemacht. Dabei werden alle Aspekte und Gedanken

zusammengetragen. Aus diesen Aspekten werden Teilthemen ermittelt, die unabhängig voneinander zu bearbeitet sind.
- Im zweiten Schritt werden die Teillösungen zu einer Gesamtlösung zusammengeführt, und es wird geprüft, ob diese Lösung auch umgesetzt werden kann.
- Und im dritten Schritt werden daraus konkrete Aktivitäten abgeleitet, mit denen das Thema nach dem Workshop weiter bearbeitet wird.

Steuerung der Gruppendynamik

Oft kommen Teilnehmer, zumindest in dieser Zusammensetzung, zum ersten Mal zusammen. Die Gruppe durchläuft einen kleinen Teamentwicklungsprozess. Dies bedeutet für einen Workshop, dass die Gruppe nicht von der ersten Minute an arbeitsfähig ist und sich auf das Thema konzentriert. Die Teilnehmer müssen sich erst kennen lernen, sich mit ihrer Kompetenz positionieren und die Regeln für ihr gemeinsames Arbeiten festlegen. Die Moderationsmethode bietet für diese Entwicklung geeignete Techniken an.

Durch die Moderation werden insbesondere zwei Elemente angeboten, mit denen die gruppendynamische Entwicklung gesteuert werden kann:
- Kennenlernen der Teilnehmer und Einstimmen auf die Fragestellung
- Selbstreflexion der Gruppe

Eine Moderation umfasst sechs Prozessschritte. Sie orientieren sich an der inneren Logik, durch die Gruppen eine gemeinsame Problemlösung erreichen. Die Prozessschritte sind in der Abbildung 11 dargestellt.

Schritt 1: Teilnehmer auf das Thema einstimmen

Wie bei einem Konzert beginnt die Moderation mit einer Phase des Einstimmens. Das Wort Einstimmung ist hierfür eine passende Metapher. Im Konzert werden die Instrumente aufeinander eingestimmt, damit sie einen Klangkörper bilden. In der Moderation werden die Teilnehmer aufeinander eingestimmt, dass sie ein gemeinsames Verständnis von der Veranstaltung haben und gemeinsam wie eine Einheit an der Lösung arbeiten.

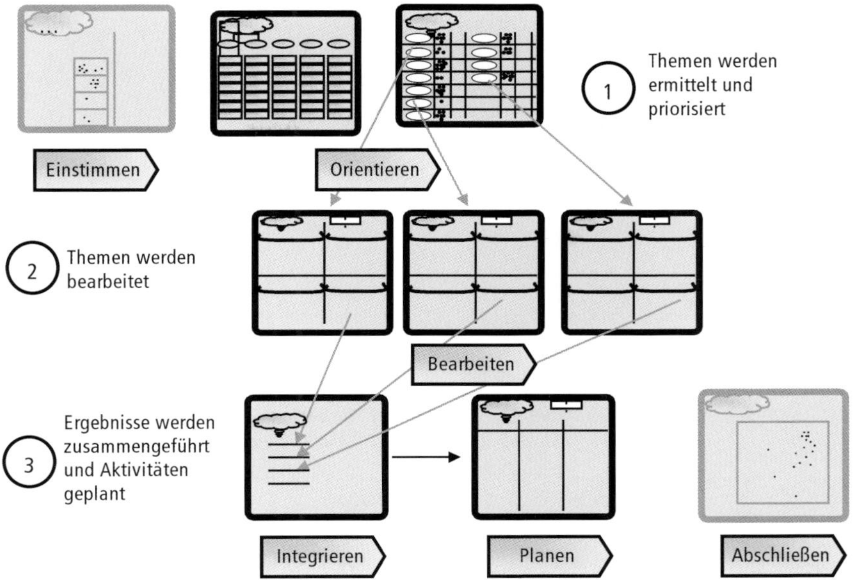

Abbildung 11: Sechs Prozessschritte strukturieren den Problemlösungsprozess

Gemeinsames Verständnis entwickeln

Im ersten Prozessschritt verständigen sich die Teilnehmer über die folgenden Fragen:

- Was ist der Anlass und das Ziel des Workshops?
- Welche Rollen und Verantwortungen haben die einzelnen Teilnehmer und die Gruppe?
- Welche Rahmenbedingungen müssen beachtet werden?
- Warum muss das Problem gerade jetzt gelöst werden?

Beginnen Sie eine Moderation immer damit, dass Sie den Teilnehmern Ihre Rolle als Moderator und deren Rolle als Teilnehmer erläutern. Erläutern Sie zu Beginn auch immer das Ziel des Workshops und welchen Anspruch Sie oder der Auftraggeber an das Ergebnis des Workshops haben. Vor allem machen Sie deutlich, dass es keine vorgedachte Lösung gibt, sondern die Teilnehmer hier im Workshop die Lösung erarbeiten sollen und dafür auch die Verantwortung tragen.

Das Plakat in der Abbildung 12 ist gut geeignet, die Eröffnung der Moderation zu visualisieren. Rechts sind Regeln vorbereitet, die Sie mit den Teilnehmern für die Dauer des Workshops vereinbaren. Links sind die unterschiedlichen Rollen im Workshop verdeutlicht: die Rolle, die Sie als Moderator haben, und die Rolle und Verantwortung der Teilnehmer.

Abbildung 12: Rollen und Regeln geben den Rahmen für den Workshop vor

Kennenlernen organisieren

Die zweite Funktion des ersten Prozessschrittes ist es, die Teilnehmer miteinander vertraut zu machen. Oft kennen sich die Teilnehmer des Workshops schon. Sie arbeiten im Projekt zusammen oder kennen sich aus anderen Projekten. Nutzen Sie hier die Vorstellungsrunde dazu, dass die Teilnehmer etwas zu ihrer Rolle im Workshop sagen. Sie können die Teilnehmer auch auffordern, etwas über sich zu sagen, was die anderen Teilnehmer noch nicht wissen.

Die Vorstellungsrunde ist ein emotionales Element im Workshop. Durch ihren Beitrag werden die Teilnehmer als Person sichtbar. Sie ist für jeden Teilnehmer auch immer die Chance, sich selbst in das richtige Licht zu setzen. Vergessen Sie diese Runde nie. Sie wird oft nicht durchgeführt, weil man denkt, damit Zeit zu verlieren. Dies mag auf der sachlichen Seite richtig sein. Emotional ist sie auf jeden Fall wichtig und notwendig.

Gruppenspiegel

Der Gruppenspiegel ist eine Tabelle, in die sich Teilnehmer mit ihrem Namen und weiteren Angaben zu ihrer Person eintragen. Er spiegelt damit die für eine Gruppe wichtigen Informationen über die anderen Teilnehmer wider. Die Teilnehmer sollten den Gruppenspiegel selbst ausfüllen. Der Gruppenspiegel sollte nicht mehr als fünf Spalten haben. Er ist eine wichtige Orientierungshilfe und wird deshalb während des Workshops im Raum aufgehängt. Und so gehen Sie bei dieser Technik vor:

Gruppenspiegel: Vorgehensweise

1. Legen Sie fest, welche Informationen die Mitglieder der Gruppe voneinander benötigen.
2. Formulieren Sie daraus die Fragestellungen für die Teilnehmer. Dies schreiben Sie dann als Überschriften über die Spalten.
3. Bereiten Sie das Plakat vor.
4. Lassen Sie den Gruppenspiegel durch die Teilnehmer ausfüllen.
5. Machen Sie eine Vorstellungsrunde, bei der die Teilnehmer kurz ihre Eintragungen im Gruppenspiegel erläutern. Die Teilnehmer können sich dabei vor dem Gruppenspiegel oder vom Platz aus vorstellen.

Steckbrief

Die Visitenkartentechnik oder der Steckbrief eignen sich für ausführliche Vorstellungsrunden. Sie können diese Technik besonders gut dann einsetzen, wenn der Workshop mehrere Tage dauert und sich die Teilnehmer noch nicht kennen.

Bei dieser Technik bekommen die Teilnehmer den Auftrag, sich auf einem Plakat selbst darzustellen. Dieses Plakat präsentieren sie dann anschließend vor den anderen Teilnehmern. Die Themen für das Plakat werden beispielhaft vorgegeben. Damit geben Sie den Teilnehmern eine Orientierung für ihr Plakat.

Steckbrief: Vorgehensweise

1. Legen Sie fest, in welcher Form die Teilnehmer die Visitenkarte gestalten sollen.
2. Gestalten Sie ein Plakat, mit dem Sie die Teilnehmer auffordern können, sich mit ihrer Visitenkarte vorzustellen.
3. Bitten Sie die Teilnehmer, ihre Visitenkarte zu gestalten. Dafür sollten sie ca. 15 bis 20 Minuten Zeit bekommen.
4. Bei der Vorstellungsrunde bitten Sie die Teilnehmer, sich vor der Gruppe mit ihrem Plakat vorzustellen.

Problemspeicher

Der Problemspeicher ist ein Plakat. Hierauf werden alle Probleme notiert, die während des Workshops nicht bearbeitet werden können. Der Problemspeicher soll den Teilnehmern helfen, sich im Workshop auf die dort lösbaren Probleme zu konzentrieren. Das heißt nicht, dass die Probleme im Problemspeicher unwichtig oder nicht lösbar sind. Es heißt nur: Es ist ein wichtiges Problem, aber wir können es hier und jetzt nicht lösen. Die Lösung muss nach dem Workshop erfolgen.

Fragen, die am Ende des Workshops nicht beantwortet sind, werden in den Problemspeicher übernommen. Damit wird für alle Teilnehmer im Workshop sichtbar, welche Themen und Fragen nicht behandelt wurden.

Schritt 2: Orientierung ermöglichen

In einem Workshop werden Problem- oder Fragestellungen bearbeitet, die zwar bekannt sind, aber noch nicht exakt in allen Details benannt werden können. Im zweiten Prozessschritt grenzen Sie gemeinsam mit den Teilnehmern das Problem oder die Frage ein. Damit legen Sie die Basis für die Bearbeitung des Workshop-Themas. Erst dann, wenn alle ein gemeinsames Verständnis des Problems haben, können die Teilnehmer auch eine gemeinsame Lösung erarbeiten.

Unterschiedliche Sichtweisen

In diesem Prozessschritt werden die Themen, Probleme, Aspekte und Sichtweisen der Teilnehmer gesammelt und geordnet. Dafür nutzen Sie bewusst die große Meinungsvielfalt der Teilnehmer, um keinen Aspekt des Themas zu vergessen. Dadurch lernen die Teilnehmer die Sichtweisen der jeweils anderen Teilnehmer kennen und entwickeln ein Verständnis für deren Standpunkt. Fast automatisch entsteht so ein gemeinsames Verständnis für das Problem und dessen Auswirkungen. Dieser Prozessschritt wird in drei Teilschritten durchgeführt.

- Sammeln der unterschiedlichen Sichtweisen und Aspekte,
- Gruppieren der Sichtweisen und Aspekte zu Teilthemen und
- Gewichten der Themen und Erarbeiten der weiteren Schritte für die Problemlösung.

Beim Sammeln der unterschiedlichen Aspekte und Sichtweisen ist es Ihre Aufgabe als Moderator, eine möglichst treffende Frage für die Problem- oder Fragestellung des Workshops zu formulieren.

Kartenfrage

Bei einer Kartenfrage werden Themen, Probleme und Stichworte zu einer Fragestellung gesammelt. Beispiele für solche Fragestellungen sind: „Worüber müssen wir unbedingt sprechen, damit …?“ „Was gefällt/stört Sie an …?“ Die Frage kann auch als Graffito gestellt werden: „Wenn ich an die jetzige Situation im Projekt denke, dann …“ Als Antwort auf die Frage schreiben die Teilnehmer ihre Themen, Probleme und Stichworte selbst auf Moderationskarten.

Auf einem vorbereiteten Plakat werden die Karten in Spalten gruppiert. Dabei hat jede Spalte eine Nummer. Abbildung 13 zeigt ein solches Plakat.

Der Moderator ordnet die thematisch zusammengehörenden Karten untereinander. Die Teilnehmer entscheiden jedoch, in welche Spalte eine Karte gehängt wird. Nach diesem Teilschritt hängt die Pinnwand voller Karten. Bei sehr komplexen Fragen benötigen Sie meist noch eine zweite Pinnwand. Die Karten sind so sortiert, dass zusammengehörende Aspekte jeweils in einer Spalte hängen. Dabei steht jede Spalte für ein Teilthema, in das sich das Problem gliedern lässt. Aufgabe der Teilnehmer ist es, für jede Spalte eine treffende Überschrift zu finden. Dadurch wird das Teilthema mit einem Begriff benannt und kann weiter bearbeitet werden. Dies ist bereits eine inhaltliche Auseinandersetzung mit dem Thema.

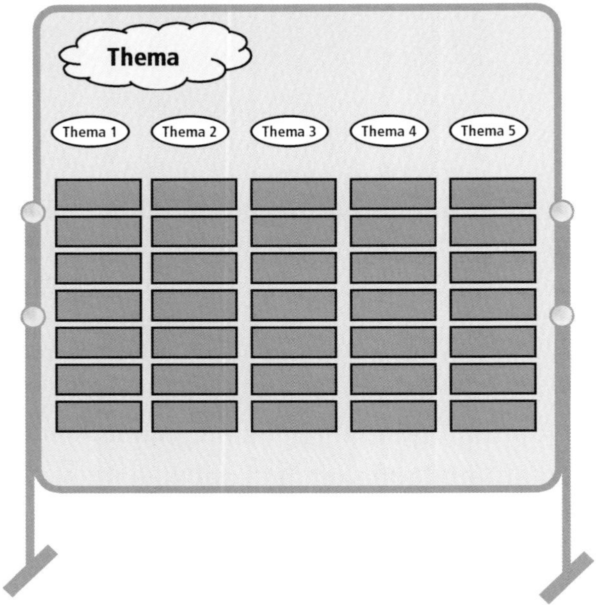

Abbildung 13: Mit der Kartenfrage wird das Generalthema in Teilthemen zerlegt

Durchführen einer Kartenfrage

1. Formulieren Sie die Frage so, dass die Teilnehmer das Problem aus ihrer Sicht beschreiben können. Die Frage muss an deren Erfahrungen anknüpfen und ein großes Spektrum von Sichtweisen und Aspekten in den Antworten zulassen. Durch die Frage sollen sowohl die positiven als auch negativen Aspekte angesprochen werden.
2. Bereiten Sie ein Plakat vor. Dieses wird mit der Frage überschrieben.
3. Teilen Sie den Teilnehmern Karten und Stifte aus. Bitten Sie die Teilnehmer, ihre Antworten auf die Karten zu schreiben und dabei für jede Antwort eine Karte zu verwenden.
4. Lassen Sie den Teilnehmern Zeit. Erfahrungsgemäß benötigen die Teilnehmer 15 Minuten. Sammeln Sie die Karten dann ein, wenn ein großer Teil der Teilnehmer fertig ist. Betonen Sie, dass Karten jederzeit nachgereicht werden können.

5. Mischen Sie die Karten, bevor Sie diese an die Pinnwand hängen. Dadurch werden die Antworten der Teilnehmer in gleichmäßiger Reihenfolge berücksichtigt.
6. Hängen Sie die erste Karte links oben an die Pinnwand. Fragen Sie die Teilnehmer, ob die Karte schon zu einer Themengruppe gehört oder damit eine neue Themengruppe eröffnet wird. Hängen Sie jede Karte auf, auch wenn der Aspekt schon auf einer anderen Karte steht.
7. Bitten Sie die Teilnehmer, für jede Spalte eine Überschrift zu finden. Diese schreiben Sie auf eine ovale Karte, die über die betreffende Spalte gehängt wird. Sie können die Spalten durch einen Rand hervorheben, damit die Kartengruppen besser erkannt werden können.

Der Vorteil der Kartenfrage besteht darin, dass die Teilnehmer ihre Antworten anonym geben können. Dadurch werden auch eher kritische Punkte benannt. Die Kartenfrage ist eine sehr wirkungsvolle Technik, um viele unterschiedliche Aspekte sichtbar zu machen.

Zuruffrage

Die Zuruffrage ist die einfache Variante der Kartenfrage. Mit ihr können die Teilthemen schneller ermittelt werden. Im Unterschied zur Kartenfrage visualisieren Sie als Moderator die Antworten der Teilnehmer auf dem Plakat. Diese werden Ihnen von den Teilnehmern zugerufen.

Zuruffrage: Vorgehensweise

1. Formulieren Sie die Frage und schreiben Sie diese auf das Plakat.
2. Teilen Sie das Plakat in zwei Spalten. Wenn Sie die Antworten in zwei Spalten schreiben, erhöht dies die Lesbarkeit.
3. Bitten Sie die Teilnehmer, Ihnen die Antworten zuzurufen. Schreiben Sie diese so auf, wie sie von den Teilnehmern genannt werden. Formulieren Sie die Antworten, auch wenn es besser klingt, nicht um. Die Teilnehmer müssen ihre Formulierungen auf dem Plakat wiedererkennen.

Am Ende dieses Schrittes stehen auf dem Plakat viele Aspekte und Sichtweisen zum Thema. Wie bei der Kartenfrage werden hieraus dann Teilthemen ermittelt. Im Unterschied zur Kartenfrage werden diese aber auf ein zweites Plakat geschrieben, damit das Plakat noch übersichtlich bleibt.

Diskussion in Gang setzen

Kartenfrage und Zuruffrage sind der erste Schritt zur Problemlösung. Hier kommen die Teilnehmer in eine lebhafte Diskussion über die Fragen: Um welches Thema geht es? Wie betroffen bin ich selbst davon? Hier werden auch die unterschiedlichen Positionen der Teilnehmer sichtbar. In dieser Phase ist der Moderator neutral. Er nimmt keine Stellung zu den gefundenen Überschriften. Durch Nachfragen versucht er zu klären, was die einzelnen Teilnehmer mit ihren Vorschlägen meinen, und stellt sicher, dass die Überschriften von allen Teilnehmern akzeptiert werden.

Es ist nicht möglich, alle Teilthemen gleichzeitig zu bearbeiten. Andererseits konzentriert sich das Interesse der Teilnehmer oft zunächst auf nur wenige Punkte. Aus diesen Gründen müssen die Teilthemen bewertet werden, um daraus eine Reihenfolge für deren Bearbeitung abzuleiten.

Durch Mehrpunktfrage Prioritäten setzen

Dazu wird ein Themenspeicher erstellt und die Gewichtung durch eine Mehrpunktfrage durchgeführt. Diesen Techniken liegt die Idee zugrunde, dass die wichtigsten Themen diejenigen sind, die aus der subjektiven Sicht der Teilnehmer am häufigsten genannt werden.

Für den Themenspeicher werden die Überschriften auf ein zweites Plakat übertragen. Dies trägt die Überschrift „Themenspeicher“. Abbildung 14 zeigt ein solches Plakat.

Themenspeicher

Der Themenspeicher ist eine Tabelle aller ermittelten Teilthemen. Diese stehen in den Zeilen. In der ersten Spalte stehen die Themen, in der zweiten Spalte gewichten die Teilnehmer die Themen und in der dritten Spalte wird die Bearbeitungsreihenfolge dokumentiert.

Mehrpunktfrage

Bei der Mehrpunktfrage wird nach der Gewichtung der Themen gefragt. Zum Beispiel: „Mit welchem Thema will ich beginnen?“ „Was interessiert mich jetzt am meisten?“ Die Teilnehmer bekommen dazu Klebepunkte. Die Anzahl der Klebepunkte, die ein Teilnehmer bekommt, ist etwa halb so groß wie die Anzahl der Themen. Jeder Teilnehmer klebt nun seine Klebepunkte zu den Themen, die er nach der vorgegebenen Fragestellung ausgewählt hat. Mit der Anzahl der Klebepunkte drücken die Teilnehmer aus, wie wichtig das Thema für sie ist. Die Priorität der Themen wird festgelegt,

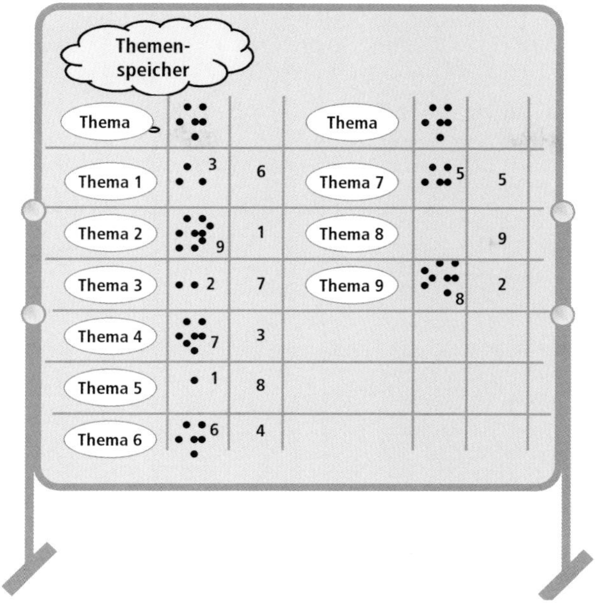

Abbildung 14: Im Themenspeicher legen die Teilnehmer durch Punkte fest, welches Thema für sie die größte Bedeutung hat

indem die Punkte für jedes Thema zusammengezählt werden. Die Rangfolge wird nach der Höhe der Punktzahl verteilt. Die höchste Punktzahl erhält den höchsten Rang.

Erstellen eines Themenspeichers

- Bereiten Sie das Plakat für den Themenspeicher vor.
- Übertragen Sie die Themen aus der Kartenfrage oder der Zuruffrage in den Themenspeicher.
- Schreiben Sie die Auswahlfrage auf eine Karte und fordern Sie die Teilnehmer auf, die Themen zu gewichten.
- Verteilen Sie die Klebepunkte an die Teilnehmer. Bitten Sie diese, ihre Punkte in die Punktespalte des Themenspeichers zu kleben. Erklären Sie an dieser Stelle die Regeln für die Verteilung der Punkte.
- Zählen Sie die Punkte aus und legen Sie die Rangfolge fest.

Schritt 3: Themen werden bearbeitet

In den beiden ersten Prozessschritten wurde das Thema so strukturiert, dass es bearbeitbar ist. Das Generalthema des Workshops wurde in kleine, für sich bearbeitbare Teilthemen zerlegt und die Reihenfolge festgelegt, in welcher die Themen bearbeitet werden.

Teilthemen präzisieren und konkretisieren

Für jedes Teilthema werden Lösungsideen entwickelt und Schritte festgelegt, wie die Lösungen umgesetzt werden können. Damit dies gelingt, müssen drei Voraussetzungen erfüllt sein:

- Die Teilnehmer müssen ihre Interessen und Wünsche einbringen können.
- Die Arbeitsatmosphäre muss Kreativität fördern.
- Einwände zu den Lösungen müssen zugelassen und ernst genommen werden.

Kleingruppenarbeit

Die beste Form für die Bearbeitung der Teilthemen sind Kleingruppen. Eine Kleingruppe von drei bis sechs Personen hat den Vorteil, dass sie sich selbst steuern kann. Sie braucht, um arbeitsfähig zu sein, keinen Moderator. Durch die Aufteilung in Kleingruppen können mehrere Themen gleichzeitig bearbeitet werden. Das Ergebnis der Kleingruppenarbeit wird dann im Plenum vorgestellt und diskutiert. Oft ergeben sich durch diese Diskussion nochmals neue Aspekte. Kleingruppen können entweder nach dem Interesse der Teilnehmer, der erforderlichen Kompetenz für die Bearbeitung des Themas oder nach Zufall gebildet werden.

Szenario

Für die Bearbeitung der Themen eignet sich die Technik des Szenarios besonders gut. Mit einem Szenario wird ein Thema unter verschiedenen Gesichtspunkten beleuchtet. Für jeden Gesichtspunkt wird eine Frage formuliert. Die Fragen führen die Teilnehmer systematisch durch die Bearbeitung des Themas. Eine für die meisten Fälle anwendbare Struktur für ein Szenario ist die Bearbeitung der Teilthemen unter folgenden Aspekten:

- Situation zum gegenwärtigen Zeitpunkt
- angestrebte neue Situation
- erste Schritte zum Erreichen der neuen Situation
- Gründe, welche die Umsetzung behindern können

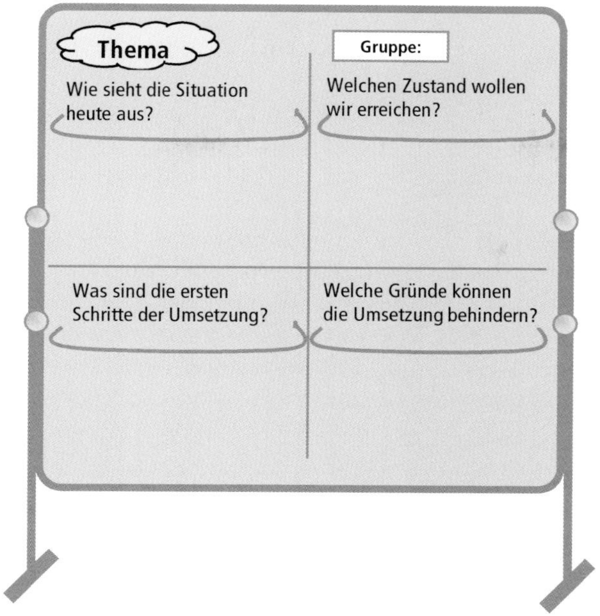

Abbildung 15: Mit einem Szenario wird die Bearbeitung der Teilthemen systematisiert

Ein anderes Szenario ist die Gegenüberstellung von Vor- und Nachteilen. Ein Plakat für ein Szenario könnte so wie in Abbildung 15 aufgeteilt sein.

Erstellen eines Szenarios

- Entwickeln Sie die Fragen für die Felder des Szenarios. Je konkreter die Fragen formuliert sind, desto leichter fällt den Teilnehmern die Bearbeitung des Themas.
- Bereiten Sie für jede Kleingruppe ein Plakat vor.
- Bilden Sie die Kleingruppen für die Bearbeitung des Szenarios.
- Legen Sie die Zeit fest, welche für die Bearbeitung der Szenarien zur Verfügung steht. Sie sollte zwischen 30 und 45 Minuten liegen.
- Gehen Sie nach der Hälfte der Bearbeitungszeit in die Kleingruppen und verschaffen Sie sich einen Überblick über den Arbeitsfortschritt. Vereinbaren Sie gegebenenfalls eine neue Bearbeitungszeit.

- Lassen Sie die Kleingruppen ihre Ergebnisse im Plenum präsentieren. Achten Sie dabei darauf, dass die Präsentation nicht länger als fünf bis zehn Minuten dauert.
- Ergänzen Sie die Plakate um die Vorschläge des Plenums zu den Ergebnissen. Machen Sie die Ergänzung durch eine andere Farbe kenntlich.

Gemeinsame Meinung bilden

Die Teilnehmer der Kleingruppen haben eine Meinung zu ihrem Thema entwickelt. Mit der Diskussion der Themen im Plenum bildet sich eine gemeinsame Meinung aller Teilnehmer zu den Teilthemen heraus. Wenn es zu entgegengesetzten Auffassungen über einen Punkt kommt, kennzeichnen Sie diesen mit einem Blitz auf dem Plakat. Das Für und Wider der einzelnen Punkte muss so lange diskutiert werden, bis sich eine gemeinsame Meinung herausbildet.

Schreiben Sie die Punkte, zu denen die Teilnehmer eine gemeinsame Meinung erzielt haben, auf ein Flipchart. Diese Vorschlagsliste ist dann die Basis für die Formulierung des abschließenden Ergebnisses und die Erstellung des Maßnahmenplans.

Schritt 4: Die gemeinsame Lösung entsteht

Durch die Bearbeitung der Teilthemen wurde eine Vielzahl von Ergebnissen erarbeitet. All diese Aspekte müssen jetzt zu einem gemeinsamen Ergebnis des Workshops zusammengefasst werden. Dazu dient der vierte Prozessschritt.

Konsequenzen durchdenken

Ziel dieses Prozessschrittes ist, die Konsequenzen und Auswirkungen der Lösungsideen und deren Realisierbarkeit zu durchdenken. In diesem Prozessschritt fällt auch die Entscheidung, welche Lösung von der gesamten Gruppe getragen wird. Die Entscheidung fällt in den wenigsten Fällen einstimmig. Deshalb müssen Bedenken und Schwierigkeiten mit der Lösung besprochen und ausgeräumt werden. Nur so wird ein Commitment der Teilnehmer zur gefundenen Lösung erreicht.

Vorschlagsliste

Die Vorschlagsliste bildet die Basis für die Formulierung des Ergebnisses. Diese sollte auf einem Plakat oder Flipchart so konkret wie möglich visualisiert werden. Das Ergebnis kann eine Liste von

Vorschlägen zur Problembehebung, eine Liste von Vereinbarungen für die künftige Zusammenarbeit oder ein Auftrag für eine Arbeitsgruppe sein.

Für die Gruppe ist die gefundene Lösung eine Erleichterung. Dies darf jedoch nicht zu Euphorie führen. Die Lösung muss jetzt noch daraufhin überprüft werden, ob sie auch umsetzbar ist. Dies lässt sich durch die beiden folgenden Fragen ermitteln:

- Welche Chancen sehen wir in der von uns erarbeiteten Lösung?
- Welche Risiken müssen beachtet werden?

Auch die folgende Frage kann helfen, selbstkritisch die Chancen für die Umsetzung einzuschätzen: „Welche Ausreden werden uns einfallen, diese Lösung nicht umzusetzen?" Diese Frage macht deutlich, dass es nach dem Workshop eine natürliche und verständliche Reaktion gibt, alles beim Alten zu belassen.

Schritt 5: Maßnahmen planen

Spätestens bei diesem Schritt wird klar, wie realistisch die Lösung ist. Finden sich genügend Teilnehmer, die bereit sind, aktiv an der Umsetzung mitzuarbeiten, dann sind die Chancen groß, dass die erarbeiteten Vorschläge auch realisiert werden. Erklären sich die Teilnehmer nur zögerlich dazu bereit, Aufgaben bei der Umsetzung zu übernehmen, dann ist diese gefährdet. Falls in dieser Phase kein realistischer Maßnahmenplan entsteht, müssen Sie dies mit den Teilnehmern besprechen.

Im Maßnahmenplan werden alle Aufgaben dokumentiert, die nach dem Workshop durchgeführt werden müssen. Er ist ein Plakat, auf dem alle Maßnahmen, deren Bearbeiter und der Endtermin für die Ausführung aufgelistet sind. Die Maßnahmen müssen klar und eindeutig beschrieben sein. In den Maßnahmenplan dürfen nur Aufgaben aufgenommen werden, für die ein Teilnehmer die Verantwortung übernimmt.

Erstellen eines Maßnahmenplans

Erstellen eines Maßnahmenplans

- Bereiten Sie das Plakat für den Maßnahmenplan vor.
- Bitten Sie die Teilnehmer, die Aktivitäten zur Umsetzung der erarbeiteten Lösung zu formulieren.

- Tragen Sie die Aktivitäten und Bearbeiter in den Maßnahmenplan ein. Achten Sie darauf, dass nur Aktivitäten eingetragen werden, für die es auch Bearbeiter gibt. Schreiben Sie die Aufgaben, für die sich kein Bearbeiter findet, in den Problemspeicher.

Den Teilnehmern ist oft schnell klar, was getan werden muss. Der schwierige Teil beginnt dann, wenn Verantwortliche für die Maßnahmen benannt werden müssen. Als Moderator müssen Sie dafür werben, dass die Teilnehmer ihre Aufgaben verantwortlich übernehmen.

Schritt 6: Workshop abschließen

Sachlich und emotional abschließen

Die Teilnehmer haben sich intensiv mit einem Problem beschäftigt und mit viel Engagement eine Lösung erarbeitet. Vielleicht kam es im Workshop zu Spannungen zwischen den Teilnehmern. Im letzten Prozessschritt geben Sie den Teilnehmern Gelegenheit, diese oder auch ganz andere Punkte anzusprechen. Damit findet der Workshop nicht nur einen sachlichen, sondern auch einen emotionalen Abschluss.

Der Prozessschritt erfüllt also drei Funktionen:

- Der Workshop wird formal beendet.
- Zufriedenheit oder Unbehagen mit dem Verlauf und dem Ergebnis wird deutlich gemacht und besprochen.
- Die Teilnehmer werden verabschiedet.

Stimmungsabfrage: Einpunktfrage

Für den Abschluss eignen sich besonders gut die Techniken Einpunktfrage und Blitzlicht. Diese sind auch nützlich für die Einstimmung der Teilnehmer im ersten Prozessschritt oder wenn während des Workshops Störungen auftreten. Mit beiden Techniken können Sie zudem sehr gut emotionale Aspekte ansprechen.

Bei der Einpunktfrage stellen Sie den Teilnehmern eine halbgeschlossene Frage, bei der ein Antwortspektrum vorgegeben wird. Bei der Einpunktfrage geben die Teilnehmer ihre Antwort dadurch, dass sie einen Punkt auf ein vorbereitetes Plakat kleben. Ein Beispiel dafür ist in der Abbildung 16 wiedergegeben.

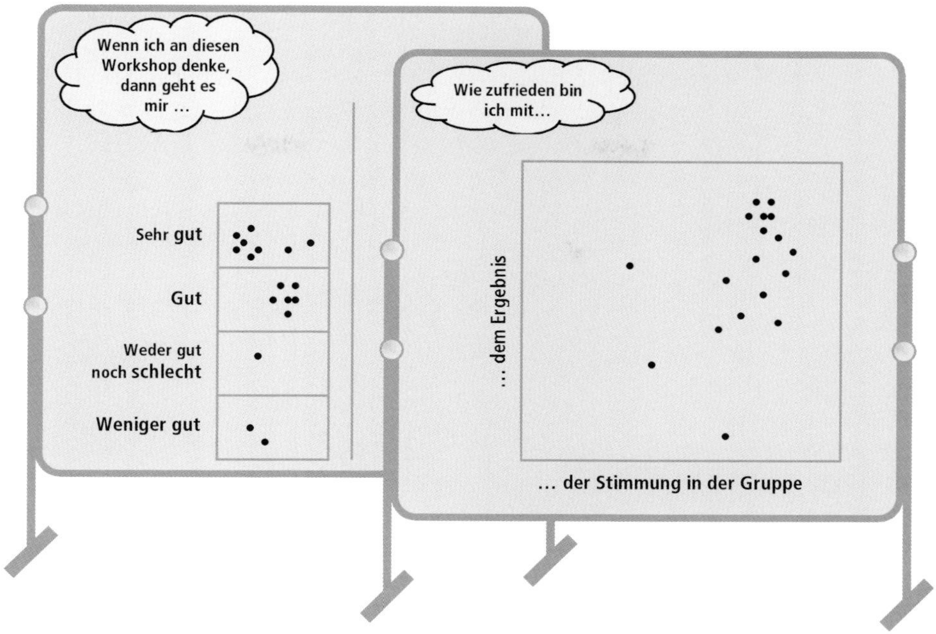

Abbildung 16: Mit der Einpunktfrage machen die Teilnehmer ihre sachliche und emotionale Zufriedenheit mit dem Workshop deutlich

Durchführen einer Einpunktfrage

- Überlegen Sie, welche Informationen für Sie und die Teilnehmer zum Abschluss des Workshops wichtig sind. Formulieren Sie dazu die passende Frage.
- Bereiten Sie das Plakat vor. Gestalten Sie dieses großzügig, damit Sie genügend Platz haben, um die Bemerkungen der Teilnehmer einzutragen.
- Geben Sie jedem Teilnehmer einen Punkt und bitten Sie ihn, seinen Punkt auf das Plakat zu kleben.
- Fordern Sie die Teilnehmer auf, etwas zum entstandenen Gesamtbild und wenn möglich zu ihrem Punkt zu sagen.
- Achten Sie aber darauf, dass die Teilnehmer ihre Anonymität wahren können.

Blitzlicht

Ein Blitzlicht ist eine kurze Fragerunde, in der jeder Teilnehmer zu einer Frage oder Situation Stellung nimmt. Dabei wird nicht diskutiert, sondern die Antworten machen die persönliche Sicht eines jeden Teilnehmers deutlich. Jeder Teilnehmer muss das sagen können, was ihn bewegt:

- Legen Sie fest, welche Informationen Sie von den Teilnehmern erfragen wollen. Formulieren Sie dazu passende Fragen. Visualisieren Sie diese auf einem Plakat.
- Leiten Sie das Blitzlicht ein und fordern Sie die Teilnehmer auf, die Fragen zu beantworten. Dabei soll kein Teilnehmer gezwungen werden zu antworten.
- Geben Sie keine Reihenfolge vor. Nach den ersten zwei oder drei Antworten ergibt sich von alleine eine Regel, nach der die Teilnehmer antworten.
- Lassen Sie erst alle Teilnehmer antworten, bevor Sie eine Diskussion über die Antworten zulassen.

Der Moderator: Vermittler zwischen Inhalt und Teilnehmern

Den Kurs halten

Im Englischen wird statt des Wortes Moderator der Begriff Facilitator, Ermöglicher, gebraucht. Der Moderator ermöglicht der Gruppe, ihre Probleme und Fragestellungen zu lösen. Dies ist eine vollkommen andere Rolle als die eines Projektleiters. Der Projektleiter bündelt, wie ein Brennglas die einfallenden Strahlen, die Aktivitäten des Projektes und richtet sie auf ein Ziel aus. Der Moderator ist eher wie eine Streulinse. Diese macht den Blick weiter. Fragen und Probleme werden in ihre Teile und Aspekte zerlegt, sodass eine neue Sicht auf die Situation entsteht. Der Moderator unterscheidet sich von dem traditionellen Besprechungsleiter. Dieser lenkt die Gruppe in eine Richtung, die er vorgibt. Bei der Moderation ist dies umgekehrt. Die Gruppe bestimmt den Kurs. Der Moderator hilft ihr, ihn zu halten.

Der Moderator ist für den Prozess der Problemlösung, nicht aber für dessen Inhalt verantwortlich. Er bietet der Gruppe Bausteine und Hilfen an, mit denen sie ihre Themen bearbeiten kann. Er ist nicht neutral, sondern allparteilich.

Der Begriff Allparteilichkeit beschreibt eine wichtige Eigenschaft des Moderators. Er muss sich in jede Partei hineinversetzen können und deren Argumentation verstehen. Durch seine Allparteilichkeit macht der Moderator den anderen Teilnehmern deutlich, dass jede Argumentation und Sichtweise interessant ist und eine Bedeutung für den Gruppenprozess hat.

Vertrauen in die Gruppe

Bei der Moderation brauchen Sie großes Vertrauen in das Wissen und die Fähigkeiten der Gruppe. Sie müssen davon überzeugt sein, dass nur die Teilnehmer, die gerade anwesend sind, das Problem lösen können. Ihr Erfolg als Moderator hängt entscheidend davon ab, ob es Ihnen gelingt, die Problemlösefähigkeit und Kreativität der Gruppe zu aktivieren. Sie stehen bei einer Moderation im Mittelpunkt. Aber nicht, weil Sie der beste Experte für das Problem sind, sondern derjenige Experte, welcher für die Gruppe einen Weg zur Lösung des Problems aufzeigt und sie Schritt für Schritt zur Lösung führt.

In Ihrem Projekt übernehmen Sie dann die Moderation, wenn Sie mit einer Gruppe einen Problemlösungsprozess steuern wollen, bei dem Sie selbst inhaltlich nicht oder nur wenig beteiligt sind. Beispielsweise, wenn mit dem Kunden und einem Expertenteam eine Lösung für ein Problem gefunden werden muss. Immer dann, wenn Sie selbst von einem Problem betroffen sind, sollten Sie die Moderation einem internen oder externen Moderator überlassen.

Vorbereitung einer Moderation

Jede Moderation muss vorbereitet werden. Wenn Sie die Moderation als Projektleiter übernehmen, beginnen Sie damit, die Hauptbeteiligten bei dem zu lösenden Problem zu befragen. Dabei sind die folgenden Aspekte wichtig:

- der Anlass, das Problem zu lösen
- das Ziel
- die Zusammensetzung der Gruppe
- das Vorwissen der Teilnehmer
- die Entscheidungsbefugnis der Teilnehmer
- die Erwartung von wichtigen Personen im Projekt an das Ergebnis
- der Lösungsdruck

In die Vorbereitung fließt natürlich auch Ihre eigene Meinung zum Problem ein. Denn Sie sind im Projekt ja von der Lösung abhängig. Die Antworten auf Ihre Fragen bei der Vorbereitung sind die Grundlage für das so genannte Design oder Drehbuch der Moderation.

Visualisieren: Diskussionsprozess sichtbar machen

Die Moderationsmethode hat auch die Besprechungsräume verändert. Wo in Besprechungen und Workshops Moderationstechniken eingesetzt werden, findet man das dafür typische Arbeitsmaterial: Stifte, Karten, Klebestifte und Pinnwände.

Aufmerksamkeit auf das Thema konzentrieren

Moderationen leben von der Visualisierung der Arbeitsergebnisse. Sie haben im Workshop eine wichtige Funktion. Die zentralen Aussagen sind zu jeder Zeit für alle präsent. Damit wird die Aufmerksamkeit immer wieder auf diese Punkte fokussiert. Als Moderator nutzen Sie die Visualisierung auch zur Steuerung des Prozesses. Sie geben mit der Visualisierung der Diskussion eine Struktur, durch die dann die Diskussion unbewusst gesteuert wird.

Lesbarkeit

Lesbar schreiben ist die Voraussetzung für die Wirkung der Moderationstechniken. Die Teilnehmer müssen alle visualisierten Gedanken von ihren Plätzen aus immer gut lesen können. Mit einer gut leserlichen Schrift bringen Sie den Teilnehmern Wertschätzung entgegen. Denn Sie werten die Beiträge mit einer guten Schrift auf. Mit einer nicht lesbaren Schrift signalisieren Sie: „Es ist ja eigentlich nicht so wichtig, was Sie hier sagen.“ Eine schwer lesbare Schrift erfordert vom Betrachter zusätzliche Aufmerksamkeit. Diese geht für die Diskussion in der Gruppe verloren. Auf der emotionalen Seite können dadurch sogar unbewusste Widerstände entstehen.

Überschriften und Farben

Die Überschrift gibt in knappen Worten den Inhalt wieder. Die Teilnehmer erkennen so auf einen Blick, worum es geht. Deshalb muss die Überschrift durch Schriftgröße und Gestaltung sofort ins Auge springen. Die Überschrift sollte links oben oder in der Mitte stehen, denn dies entspricht den Lesegewohnheiten.

Wenige Farben erhöhen die Wirkung der Visualisierung. Bei der Moderation sind die vier Grundfarben Rot, Grün, Blau und Schwarz ausreichend. Die Leser verbinden mit Farben unterschwellig eine Bedeutung. Achten Sie darauf, dass Sie dieselben Farben immer in einer ähnlichen Bedeutung verwenden.

Bei Workshops ist es üblich, den Teilnehmern die Plakate als Fotoprotokoll zur Verfügung zu stellen. Damit haben sie meistens alle Unterlagen, um die Arbeitsaufträge auszuführen.

Die Grenze zwischen einem Workshop und einer Besprechung ist fließend. Viele Themen, die in einem Meeting behandelt werden, können mit den Moderationstechniken sehr gut besprochen werden. Dies macht Besprechungen interaktiver, da durch die Moderationstechniken die Teilnehmer aktiv in die Besprechung einbezogen werden.

7. Kommunizieren und motivieren: Leadership im Projektmanagement

Der wahre Führer braucht nicht zu führen – er ist zufrieden, den Weg zu zeigen.

HENRY MILLER, 1891–1980,
AMERIKANISCHER SCHRIFTSTELLER

Eine weitere wichtige Aufgabe für den Projektleiter besteht in der fachlichen Führung der Projektmitarbeiter. Für diese Aufgabe müssen Sie als Person und Führungskraft Antworten auf die folgenden Fragen haben:

- Wie verstehe ich meine Rolle als fachliche Führungskraft?
- Wie kann ich mein Team durch Kommunikation führen?
- Womit kann ich mein Team motivieren?
- Welche Instrumente habe ich, um die Mitarbeiter im Projektteam zu führen?

Fachliche Führung: der Projektleiter als Teamleiter

Führungsaufgaben

Projektleiter führen die Mitarbeiter genauso wie eine Führungskraft in der Linie, jedoch sind die Mitarbeiter disziplinarisch einer Linienführungskraft unterstellt, die für deren Einstellung, Gehaltseinstufung und Stellenzuordnung verantwortlich ist. Dabei gibt es zwei Extreme:

- *Der Projektleiter als Moderator* des Projektteams hat fast keine Führungsverantwortung. Er koordiniert die Tätigkeiten der Projektmitglieder und steuert den Arbeitsablauf. Das ist meistens dann der Fall, wenn die Projektmitglieder aus verschiedenen Abteilungen für das Projekt freigestellt werden, im Prinzip aber zu ihrer Fachabteilung gehören.

- *Der Projektleiter als Manager* ist einer Linienfunktion fast gleichgestellt. Der Projektleiter ist auch für die Personalführung der Projektmitglieder verantwortlich. Diese Form der fachlichen Führung findet man meist in großen Projekten, zu denen die Mitarbeiter für mehrere Jahre versetzt werden.

Projektleiter als Führungskraft

Der Projektleiter füllt in seiner Rolle als Führungskraft unterschiedliche Funktionen aus:

- Der Projektleiter ist für die Kommunikation im Projekt verantwortlich. Dazu gehört nicht nur, dass er das Gespräch mit den Mitarbeitern sucht, Fragen stellt und sich auch ohne konkreten Anlass über Hintergründe informiert, sondern auch, dass er Kommunikationsprozesse unter den Mitarbeitern im Projekt organisiert.

- Der Projektleiter ist auch das Vorbild, welches durch sein Verhalten die Projektkultur verkörpert. Durch sein Verhalten gibt er den Mitarbeitern Orientierung. Durch die Vorbildfunktion macht er deutlich, welches Verhalten im Projekt erwünscht ist und welches nicht.

Aufgaben delegieren

- Delegation ist die Übertragung einer Aufgabe. Durch die Delegation wird nicht nur die Arbeit, sondern auch die Verantwortung dafür übertragen. Nur so können sich Mitarbeiter mit der Aufgabe identifizieren. Wird einem Mitarbeiter ein Arbeitspaket übertragen, so muss dieser auch die Planung dafür eigenständig durchführen können und so weit wie möglich die Art und Weise bestimmen, wie diese Aufgabe erledigt wird.

- Eng verbunden mit der Delegationsfunktion ist die Unterstützung des Mitarbeiters bei der Erledigung einer Aufgabe. Unterstützung heißt nicht anweisen, wie eine Aufgabe erledigt werden soll, sondern den Mitarbeiter beraten, äußere Hindernisse aus dem Weg räumen und Störungen fern halten. Ziel der Unterstützung ist immer, den Mitarbeiter zu befähigen, die Aufgabe möglichst selbstständig auszuführen und sich in seinen Fähigkeiten zu entwickeln. Es ist eine Hilfe zur Selbsthilfe für den Mitarbeiter.

Projektteam als Sozialgebilde

- Neben der sachlichen Steuerung des Projektes durch die Projektplanung hat der Projektleiter die Aufgabe, das Projektteam als Sozialgebilde zu steuern. Er muss das Projektteam entwickeln, Mitarbeiter integrieren, Konflikte ansprechen, Lösungsprozesse für Konflikte initiieren und managen.

Motivation: die Lust an Leistung wecken

Man kann Mitarbeiter nicht motivieren, sondern nur demotivieren. Diese provokante These von Reinhard K. Sprenger sagt in ihrem Kern Folgendes aus: Mitarbeiter sind motiviert, und sie können und wollen ihre Fähigkeiten an ihrem Arbeitsplatz anwenden. Dies gilt vor allem für Projektteams. Teams arbeiten deshalb motiviert, weil die Mitarbeiter ihre Tätigkeit mitbestimmen und jeder seine Stärken in das Team einbringen kann. Natürlich gibt es immer Dinge, die getan werden müssen. Sie werden aber dann nicht als Last empfunden, wenn jeder sieht, dass sie notwendig sind.

Motivation durch Herausforderung

Empirische Untersuchungen haben gezeigt, dass Motivation stark von der Herausforderung abhängt, die eine Tätigkeit an einen Mitarbeiter stellt. Unterforderte Mitarbeiter haben nur eine geringe Motivation. Mit zunehmender Herausforderung an die Tätigkeit steigt auch die Motivation an. Sie fällt dann wieder ab, wenn sich der Mitarbeiter überfordert fühlt. Dieser Zusammenhang ist in Abbildung 17 dargestellt.

Motivation ist ein optimales Spannungsniveau zwischen Über- und Unterforderung. Sie ist ein Mangelgefühl, das von jedem so erlebt wird, dass es einerseits attraktiv ist, es zu bewältigen, andererseits die Anstrengung zur Bewältigung als nicht zu übermäßig empfunden wird.

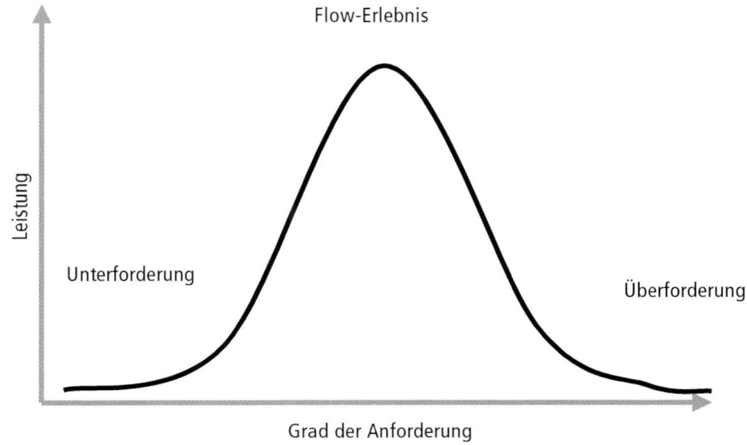

Abbildung 17: Herausfordernde Tätigkeiten sind die Quelle der Motivation

Leistung wird von drei Quellen gespeist

Die Geschichte von der Vertreibung aus dem Paradies und die Sehnsucht nach dem „süßen Leben" suggerieren, dass Arbeit und Leistung eine Last sind. Unsere Triebnatur lehrt genau das Gegenteil. Durch Arbeit werden wir befriedigt, sind stolz auf uns und gehören zur menschlichen Gemeinschaft. Es gibt drei Triebfedern, die uns zu Leistung antreiben: das Flow-Erlebnis, Anerkennung und Bindung.

Flow-Erlebnis

Der Trieb, der uns zum Arbeiten antreibt, ist die Neugier. Er wird durch Neues und Unbekanntes ausgelöst. Columbus wurde durch Neugier zu abenteuerlichen Entdeckungsreisen angetrieben, Johannes Gutenberg stürzte sich in ein finanzielles Abenteuer, um den Buchdruck zu entwickeln, und Marie Curie nahm die Gefährdung durch Röntgenstrahlungen in Kauf. Sie wurden angetrieben durch das so genannte Flow-Erlebnis.

Die Befriedigung der Neugier wird als Flow-Erlebnis bezeichnet. Es ist die Triebfeder, welche uns zu der Anstrengung antreibt, mit der wir Unbekanntes in Bekanntes umwandeln.

Lust auf Leistung entsteht dann, wenn wir den Trieb der Neugier befriedigen. Dabei entsteht die Lust nicht erst dann, wenn die Neugier befriedigt ist, sondern schon bei der Ausführung der Tätigkeiten, zu denen wir durch die Neugier angetrieben werden. Die Anstrengung, die wir bei der Lösung eines Problems aufbringen müssen, ist gleichzeitig auch ein Gefühl der Lust, das antreibt, das Problem zu lösen.

Antreiber „Neugier"

Das Flow-Erlebnis ist die erste Triebfeder für Leistung. Immer dann, wenn wir bei unserer Arbeit angetrieben von Neugier etwas Neues entdecken, sind wir motiviert. Diese Arbeit wird nicht als Last, sondern als Lust empfunden.

Anerkennung

Die zweite Triebfeder für Leistung ist Anerkennung. Durch sie wird der Aggressionstrieb befriedigt. Der Sinn von Aggression ist die Bezwingung eines Rivalen und die Behauptung des Reviers. Durch Aggression erreichen wir unseren Platz in der Sozietät, in der Gemeinschaft unserer Lebensgenossen. Aggression hat dabei eine wichtige Funktion. Nur die Stärksten und Fähigsten steigen in der Rangordnung nach oben, und die Sozietät wird damit leistungsfähiger. Die Aggression treibt Teammitglieder zum Storming. Auch dabei findet das Team heraus, wer die beste Leistung auf welchem Platz erbringen kann. Ohne Anerkennung verlieren die Mitarbeiter die Lust an der Leistung.

Bindung

Die dritte Triebfeder ist Bindung. Sie entsteht dadurch, dass Mitarbeiter in einer Sozietät zur Gesamtleistung beitragen. Die Bindung in einem Team ist deshalb so stark, weil alle gemeinsam eine Aufgabe bewältigen und jedes Teammitglied dazu einen Beitrag liefert. Ein Teammitglied, dessen Leistung geschätzt wird, erfährt dadurch nicht nur Anerkennung, sondern wird gleichzeitig auch stärker an das Team gebunden.

Jede Triebfeder für sich liefert ein Motiv für Motivation und Leistung. Jedoch können sich die Triebfedern gegenseitig verstärken. Das höchste der Gefühle ist es, in einem Team ein Flow-Erlebnis zu haben und dafür auch noch große Anerkennung zu bekommen.

Herausforderungen sind subjektiv

Die Herausforderung wird von den Mitarbeitern subjektiv empfunden. Für einen Mitarbeiter ist eine Tätigkeit eine Herausforderung, die für einen anderen schon eine Überforderung ist. Ein weiterer Mitarbeiter kann sie als langweilig erleben, weil sie für ihn schon zur Routine geworden ist. Die höchste Motivation ist dann erreicht, wenn das Spannungsfeld zwischen Unter- und Überforderung ausbalanciert ist und die Mitarbeiter ein Flow-Erlebnis haben. Die Motivation des Mitarbeiters wächst mit seinen Herausforderungen. Motivation entsteht auch dadurch, dass er durch ständig neue, als Herausforderung erlebte Tätigkeiten spürt: „Ich entwickle mich."

Leistungsbereitschaft fördern

Sie können Ihre Mitarbeiter am besten motivieren, indem Sie Bedingungen schaffen, durch die deren Leistungsbereitschaft gefordert wird. Diese hängt von den drei folgenden Faktoren ab:

- Können, bestimmt durch die Qualifikation
- Wollen, aufgrund von persönlichen Motiven, Wünschen und Erwartungen
- Dürfen, im Rahmen tatsächlicher Entfaltungsmöglichkeiten

Die Faktoren managen

In Ihrer Führungsrolle als Projektleiter müssen Sie diese drei Faktoren managen – das heißt unter den durch das Projekt vorgegebenen Rahmenbedingungen für die Mitarbeiter eine Situation schaffen, in der sie leistungsbereit sind. Dazu die folgenden vier Ratschläge:

- Qualifizieren Sie die Mitarbeiter so, dass sie ihre Tätigkeit gut ausüben können und sie sich nicht deshalb überfordert fühlen, weil sie bestimmte Kenntnisse nicht haben.
- Organisieren Sie die Arbeit so, dass jeder Mitarbeiter seine Fähigkeiten einbringen kann und sie mit der Arbeit weiterentwickelt. Lassen Sie deshalb nicht nur den Spezialisten eine schwierige Aufgabe erledigen, sondern auch denjenigen, der die Fähigkeit dazu hat.
- Verschaffen Sie Ihren Mitarbeitern Anerkennung, persönliches Lob und Privilegien.

- Pflegen Sie die Teamkultur. Sie stärkt das Gemeinschaftsgefühl und bindet die Mitarbeiter an das Team. Gemeinsame Meetings und Workshops, ein gemeinsames Essen mit dem Team oder auch nur eine kleine Kaffeerunde sind Möglichkeiten, ein gemeinsames Erlebnis zu schaffen.

Führungsinstrumente

Hilfen für die Steuerung des Projektteams

Von Johann Wolfgang von Goethe stammt das folgende Zitat: „Behandle die Menschen so, als wären sie, was sie sein sollten, und du hilfst ihnen, zu werden, was sie sein können." Führungsinstrumente sind dazu da, die Fähigkeiten der Mitarbeiter zu entwickeln. Sie schaffen Rahmenbedingungen, mit denen Mitarbeiter ihre Tätigkeit optimal ausführen können. Auf der anderen Seite sind sie aber auch die Instrumente, mit denen Sie als Führungskraft das Projekt in die richtige Richtung lenken.

Mit Zielen steuern

Ein gutes Projektteam steuert seine Arbeit zu einem großen Teil selbst. Durch Ziele geben Sie ihm den Rahmen für eigenständiges Handeln. Insbesondere dann, wenn Aufgaben komplex sind und sich durch den Arbeitsfortschritt immer neue Erkenntnisse ergeben, sind Ziele die einzige Form, mit denen Tätigkeiten gesteuert werden können.

Ziele beschreiben Ergebnisse, Zustände, die in der Zukunft erreicht werden. Sie sind gleichzeitig Herausforderungen, die zum Handeln motivieren.

Kriterien

Eine gute Zielformulierung erfüllt sechs Kriterien:

- Ziele müssen realistisch sein. Können sie nicht erreicht werden, entstehen Enttäuschungen, die demotivieren statt zu motivieren.
- Es muss sich lohnen, die vereinbarten Ziele zu erreichen. Nur dann, wenn sich ein Zustand verbessern wird, ist genügend Motivation vorhanden, um das Ziel zu erreichen.

- Die Ziele müssen untereinander abgestimmt sein. Projektmitarbeiter können sich nur dann gegenseitig unterstützen, wenn ihre Ziele miteinander harmonieren. Wenn sich Ziele widersprechen, wird weder das eine noch das andere Ziel erreicht.
- Äußere Einflüsse können immer wieder dazu zwingen, das Ziel anzupassen und neu zu formulieren. Deshalb müssen Sie flexibel sein.
- Das Ziel muss vom Mitarbeiter akzeptiert sein. Nur dann, wenn er es zu seinem eigenen Ziel gemacht hat, wird er es mit Engagement verfolgen.
- Der Mitarbeiter muss sich so lange an das Ziel gebunden fühlen, bis er es erreicht hat.

Feedback schafft Transparenz im Handeln

Meistens haben die Menschen, mit denen wir zu tun haben, ein anderes Bild von uns als wir selbst. Mitarbeiter in Ihrem Team haben ein anderes Bild von Ihrem Leistungsverhalten als Sie. Mitarbeiter brauchen, vor allem vom Projektleiter, eine Rückmeldung darüber, wie er ihre Leistung sieht. Denn davon hängt für sie viel ab: die Übertragung von Aufgaben, die Bedeutung im Team und manchmal auch die Bezahlung.

Johari-Fenster

Unser soziales Verhalten wird zum großen Teil von den Vermutungen über das Fremdbild, das andere von uns haben, beeinflusst. Dieses kann sich jedoch stark von dem tatsächlichen Fremdbild unterscheiden. Dieser Sachverhalt lässt sich in dem grafischen Modell des Johari-Fensters (Abbildung 18) verdeutlichen.

Die einzelnen Bereiche des Johari-Fensters haben folgende Bedeutungen:

Bereiche des Johari-Fensters

- *Bereich der öffentlichen Person:* Öffentliche Personen sind transparent. Hier stimmen Sachverhalte und Tatsachen, Verhalten und Motivation als Eigen- und als Selbstbild überein. Sie sind uns selbst bekannt und werden von anderen auch so wahrgenommen.
- *Verborgener Bereich:* Dies ist der Bereich, der uns selbst bekannt ist, den wir anderen aber nicht bekannt gemacht haben. Hierüber können andere nur Vermutungen anstellen.

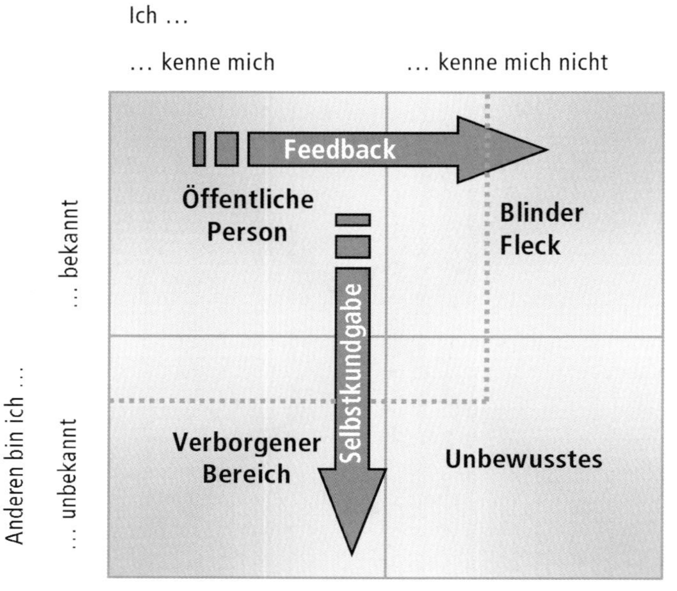

Abbildung 18: Das Johari-Fenster macht deutlich, dass Feedback und Selbstkundgabe unser Wissen voneinander vergrößern

- *Blinder Fleck:* Er ist uns nicht bekannt, und wir entdecken ihn meist nur durch Zufall. Andere wissen hier mehr über uns als wir selbst. Das Feedback ist eine Möglichkeit, den blinden Fleck zu verkleinern.
- *Das Unbewusste:* Während alle anderen Bereiche öffentlich gemacht werden können, bleibt dieser Bereich sowohl für uns selbst als auch für andere verborgen. Nur durch therapeutische Verfahren kann dieser Bereich sichtbar gemacht werden.

Mehr voneinander zu wissen, hat viele Vorteile. Wir können das Verhalten der anderen besser einschätzen. Aber auch die Menschen, mit denen wir zu tun haben, können unser Verhalten besser beurteilen und sich darauf einstellen. Dinge, die stören, sind besser und direkter ansprechbar. Teammitglieder bleiben oft deshalb am Rande, weil die anderen zu wenig von ihnen wissen.

Transparent handeln

Es gibt zwei Möglichkeiten, transparenter zu handeln. Die eine besteht darin, mehr von sich preiszugeben und ungefragt auch Dinge zu erzählen, die nicht direkt mit der Arbeit zu tun haben. Durch all dies werden Personen transparenter und besser einschätzbar.

Die zweite Möglichkeit ist das Feedback. Machen Sie es zu einem Kulturelement im Projekt. Feedbackkultur heißt, es ist erwünscht, dass jeder jedem eine Rückmeldung über die Wirkung seines Verhaltens gibt. Dies heißt nicht, dass jeder jedem bei nur jeder erdenklichen Gelegenheit ein Feedback gibt. Sondern dann, wenn es von der Situation her passend ist oder ein Mitarbeiter ein Feedback einfordert.

Ein Feedback ist keine Kritik. Ein Feedback hat immer folgende Grundhaltung: „Ich möchte dir durch meine Rückmeldung helfen, mehr über dich zu wissen, und dir die Chance geben, dein Verhaltensrepertoire zu vergrößern." Geben Sie nur so viel Feedback, wie Ihr Partner aufnehmen kann, und nur, wenn er dadurch die Chance hat, sein Verhalten zu ändern.

Feedback-Regeln

Bevor Sie ein Feedback geben, sollten Sie sich darüber im Klaren sein, warum Sie das Feedback geben und was Sie motiviert, dieses gerade jetzt zu sagen.

- Schildern Sie die Eindrücke nüchtern und sensationslos: Beschreiben Sie das Verhalten des anderen. Je konkreter die Beschreibungen sind, umso hilfreicher sind die Informationen.
- Schildern Sie die Wahrnehmungen anschaulich: Der Feedback-Nehmer ist kein Gegenstand wissenschaftlicher Abhandlungen. Dazu können auch Vergleiche aus der Umgangssprache benutzt werden.
- Geben Sie das Feedback so, dass es der Situation angemessen ist: Überlegen Sie sich, in welcher Situation Sie das Feedback geben wollen.
- Wählen Sie den richtigen Zeitpunkt: Der Gesprächspartner muss für das Feedback bereit sein. Bereiten Sie erst eine Basis, bevor Sie ein Feedback geben.

- Geben Sie nur ein aktuelles Feedback: Das Feedback hat nur im Hier und Jetzt der Situation einen Sinn.
- Beachten Sie die Konsequenzen: Geben Sie ein Feedback nur dann, wenn Sie auch zu Ihren Aussagen stehen.
- Hören Sie als Feedback-Nehmer ruhig zu: Entscheiden Sie erst dann, nachdem Sie alles gehört haben, was Sie mit dem Feedback machen.

Mit Gesprächen führen

Gespräche sind eine direkte und intensive Form, mit der Sie sich mit Ihren Mitarbeitern über deren Arbeit verständigen. In diesen Gesprächen sind Sie der Gesprächsführer und damit verantwortlich für die Steuerung des Gesprächsverlaufs. Für diese Gespräche gilt all das, was schon im dritten Kapitel über Auftragsklärungsgespräche dargestellt wurde.

Mitarbeitergespräch

Ein Mitarbeitergespräch ist das Instrument, mit dem Sie sich über die Arbeit im zurückliegenden Zeitraum austauschen und den Mitarbeiter durch das Aufzeigen von Perspektiven motivieren. Hier werden die gegenseitigen Erwartungen konkretisiert und abgestimmt sowie Meinungsverschiedenheiten geklärt. Mitarbeitergespräche dienen auch dazu, dass sich der Projektleiter und sein Mitarbeiter gegenseitig Feedback geben.

Integrationsinterview

Integrationsinterviews werden geführt, wenn ein neues Teammitglied aufgenommen werden soll. Ziel ist es, die fachlichen und sozialen Fähigkeiten des Bewerbers einzuschätzen. Im Integrationsinterview führen Sie nicht nur das Gespräch, sondern Sie müssen den Bewerber gleichzeitig auch immer beobachten. Bei diesem Gespräch sollten zwei oder mehr Personen beteiligt sein, damit Beobachtungsfehler ausgeglichen werden können.

Motivations- und Kritikgespräch

Immer wieder müssen Sie Ihr Team oder auch nur einzelne Teammitglieder für eine neue Aufgabe oder für Veränderungen in seinen Arbeitsbedingungen motivieren. In den meisten Fällen sind die Veränderungen für das Teammitglied annehmbar, jedoch mit Nachteilen verbunden. Ziel eines Motivationsgespräches ist es, gemeinsam mit dem Mitarbeiter eine Lösung zu finden, die ihn motiviert. Die Motivation für die Veränderung kann nur aus der persönlichen

Situation des Mitarbeiters kommen. Es muss ein genügend starkes Motiv geben, um beispielsweise eine neue Aufgabe zu übernehmen oder den Arbeitsort zu wechseln.

Im Kritikgespräch werden Probleme thematisiert, die der Mitarbeiter mit seiner Arbeit hat oder die ihn selbst betreffen. Hohe Fehlzeiten, Beschwerden des Auftraggebers oder von anderen Abteilungen oder Konflikte mit Teammitgliedern können Anlässe für ein solches Gespräch sein. Ziel solcher Gespräche ist es, möglichst früh herauszufinden, mit welchen Problemen der Mitarbeiter konfrontiert ist und wie die Probleme beseitigt werden können. Sie sollten vor dem Gespräch nicht schon die Schuldfrage geklärt haben, sondern im Gespräch die Ursachen für das Problem herausfinden.

8. Konfliktmanagement: Win-Win als Lösungsprinzip

Der Widerspruch ist es, der uns produktiv macht.

Johann Wolfgang von Goethe,
1749–1832, deutscher Dichter

Sind Konflikte in einem Projekt vermeidbar? Was kann ich tun, wenn ein Konflikt ausbricht? Wie kann ich eine Eskalation verhindern? Und: Mit welchen Mitteln kann ich in einem Konflikt zu einer Lösung kommen? Bestimmt haben Sie sich diese Fragen auch schon gestellt – ich möchte Ihnen nun einige mögliche Antworten präsentieren.

Konflikte: das Salz in der Suppe

Interessen prallen aufeinander

Von seinem Ursprung her bedeutet „confligere“ zusammenschlagen oder -prallen. Das Wort bezeichnet das, was man bei einem Konflikt offensichtlich wahrnimmt: zwei oder mehrere Parteien prallen mit ihren Interessen aufeinander. Weder die eine noch die andere Partei will dabei aus dem Weg gehen. Konflikte sind die Folgeerscheinungen des Zusammenpralls unterschiedlicher Interessen, die beide Parteien mit sehr hohem innerem Engagement verfolgen. Wut, Aggression, aber auch Angst und Enttäuschung zeigen, dass eine rationale Auseinandersetzung nicht möglich scheint.

Konflikte sind Interessengegensätze von Menschen, Gruppen und Organisationen, die voneinander abhängen und die den Interessengegensatz nur gemeinsam lösen können. Ihre Positionen sind aus ihrer jeweiligen Sicht unvereinbar. Bei Konflikten versucht immer eine Partei, bei der anderen Partei etwas direkt oder indirekt zu verändern.

Ausgangssituation

Die Ausgangssituation in einem Konflikt ist ähnlich wie in einer Verhandlung. Beide Parteien haben unterschiedliche Interessen, die sie nur gemeinsam umsetzen können. Jedoch gibt es einen entscheidenden Unterschied: In einer Verhandlung haben beide Parteien den festen Willen, gemeinsam eine Lösung zu finden.

Konflikte beängstigen uns deshalb, weil wir keine Lösung für den Ausgang des Konfliktes kennen, ja, nicht einmal wissen, ob es überhaupt eine Lösung gibt.

Ringen um eine Lösung

Der Ausgang des Ringens um eine Lösung wird von einer Vielzahl von Faktoren bestimmt: von der Stärke der einzelnen Konfliktparteien, dem Grad der emotionalen Erregung oder dem Druck, mit dem eine Lösung gefunden werden muss. Der Ausgang eines Konfliktes wird auch durch den Konfliktverlauf selbst bestimmt. Die Fähigkeit, Konflikte zu lösen, bestimmt auch mit darüber, wie gut oder schlecht die Lösung ist. Wer gut streiten kann, ist eindeutig im Vorteil.

Konflikte entstehen dann, wenn die Interessen der einen Partei nur auf Kosten der Interessen der anderen Partei durchgesetzt werden können.

Meinungsverschiedenheiten: keine Konflikte

Deshalb liegen in den folgenden Fällen keine Konflikte vor:

- *Meinungsverschiedenheiten:* Auch bei Meinungsverschiedenheiten können wir uns heftig streiten. Der Streit hört aber sofort auf, wenn wir auseinander gehen. Hier haben zwei Parteien eine unterschiedliche Meinung, jedoch sind sie davon nicht direkt betroffen. Jeder kann bei seinem Standpunkt bleiben, ohne dass es den anderen stört.

- *Spannung:* Eine Spannung ist nicht real. Wir spüren sie nur. Die Gefühle werden durch eine Vermutung geleitet. Die Spannung löst sich sofort auf, wenn sich der vermutete Gegensatz nicht bestätigt.

- *Antagonismen:* Zwei Parteien wollen etwas Gegensätzliches. Raucher und Nichtraucher sind Antagonisten. Aus ihrem Gegensatz wird erst dann ein Konflikt, wenn sie beginnen, ihre Interessen aktiv durchzusetzen.

- *Zwischenfall:* Ein Zwischenfall liegt vor, wenn zwei Menschen in einer Menschenmenge zusammenstoßen. Der Zwischenfall ist von beiden Parteien nicht gewollt, und keine Partei will die ungewollte Handlung fortsetzen.

- *Pannen:* Auch bei Pannen wird meist heftig gestritten. Sie entstehen dadurch, dass es unterschiedliche Auffassungen über einen Sachverhalt gibt, dieser jedoch eindeutig zu klären ist. Streiten sich zwei Teammitglieder darum, wer für ein Arbeitspaket zuständig ist, so hilft der Blick auf den Projektplan, um den Streit zu entscheiden.

Gefühlte Bedrohung

Die Dramatik der Konflikte entsteht dadurch, dass jede Partei die andere als Bedrohung empfindet. Keine Partei kann sich vom Konflikt distanzieren. Alleine dadurch, dass eine Partei ihre Interessen durchsetzen will, zwingt sie die andere, sich damit zu beschäftigen.

Konflikte setzen Energie frei. Diese kann zum gegenseitigen Schaden genutzt werden, aber auch dazu, aus der Zwangslage eine gemeinsame neue Sache zu entwickeln. Konflikte zwingen beide Parteien zu einer Lösung, die sie vorher nicht gesehen haben und auch nicht kannten. Am Ende des Konfliktes steht im besten Fall etwas Neues oder im schlechtesten Fall Eskalation.

Emotionen: Der Blick auf eine Lösung ist verstellt

Kein Konflikt ohne Emotionen und tiefe Betroffenheit. Alle anderen Themen, Fragen und Probleme treten in den Hintergrund. Im Konflikt treffen nicht nur die sachlichen Widersprüche aufeinander, sondern auch die Personen mit ihren Gefühlen und Gefühlsausbrüchen. Konflikte werden vor allem auch emotional ausgetragen. Dabei ist das Spektrum der Gefühle groß. Einerseits ist es durch Angstgefühle geprägt. Auf der anderen Seite gibt es aggressive Gefühle.

Die Stimmung bestimmt die Wahrnehmung

Luc Ciompi, ein Schweizer Psychoanalytiker, hat die Wirkung von Gefühlen auf das Denken untersucht. Nach seinem Modell bewerten wir Dinge je nach unserer Stimmungslage ganz unterschiedlich. Ein freudiger Mensch sieht alles positiv und verkennt so oft die damit verbundenen Probleme. Man sagt nicht umsonst über solche Menschen, dass sie eine rosarote Brille aufhaben. Andererseits vermuten wütende und verärgerte Menschen hinter jeder Bemerkung eine Falle, sind misstrauisch und schnell reizbar.

Ein Gefühl oder ein Affekt ist eine durch innere oder äußere Einflüsse ausgelöste ganzheitliche, psycho-physische Gestimmtheit einer Person. Sie ist unterschiedlich stark, unterschiedlich lang und hat eine mehr oder weniger große Stärke im Bewusstsein.

Die Macht der Gefühle

Die Anzahl der Gefühle erscheint auf den ersten Blick unendlich. Jedoch kann man fünf Gefühlsgrundmuster unterscheiden: Neugier, Angst, Aggression, Trauer und lustbetonte Gefühle. Das Erstaunliche daran ist, dass sie kulturübergreifend durch eine ähnliche Mimik und Gestik ausgedrückt werden.

Die Stimmung bestimmt die Wahrnehmung

Gefühle sind Kräfte, die auf die Denkinhalte einwirken und diese beeinflussen. Abhängig von der Stimmung verändert sich das Denken. Die Gefühle bestimmen, auf welche Punkte wir die Aufmerksamkeit konzentrieren.

Gefühle beeinflussen auch das Gedächtnis. Je stärker wir gefühlsmäßig berührt sind, umso besser behalten wir die Dinge, die wir gerade erleben. Der erste Schultag oder der erste Kuss sind Bilder, die wir noch nach vielen Jahren lebendig in Erinnerung haben. Durch Gefühle werden die rationalen Sachverhalte miteinander verknüpft. Gefühle reduzieren die Vielfalt der Wahrnehmungen. In einer aggressiven Stimmung nehmen wir andere Dinge wahr, als wenn wir freudig sind. Zwei Personen können deshalb eine Situation völlig anders wahrnehmen, wenn sie in unterschiedlichen Stimmungen sind.

Gefühle verstellen den Blick für die Konfliktlösung

Aggressive Menschen wollen keine Lösung des Konfliktes, sie wollen sich durchsetzen. Sie nehmen nur noch das wahr, was sie von der anderen Partei trennt, und nicht mehr das, was sie mit ihr verbinden könnte. Sowohl Angst wie auch Aggression verhindern, dass die Konfliktparteien eine Lösung suchen. Der erste Schritt in einer Konfliktlösung ist deshalb, den Kopf wieder für rationales Denken frei zu bekommen. „Schlaf erst einmal darüber“, ist eine Volksweisheit, die genau diesen Sachverhalt ausdrückt.

Getrübte Wahrnehmung

Im Verlauf eines Konfliktes wird unsere Sicht auf die Menschen der anderen Konfliktpartei gelenkt und das Problem wird verzerrt. Manche Dinge werden besonders scharf gesehen, andere werden übersehen. Die Aggression der Konfliktparteien bewirkt, dass Bedrohungen oder Gefahren in den Vordergrund treten. Die Wirklichkeit wird vereinfacht und simplifiziert. Andererseits ist die Situation so vielschichtig, dass sie nicht mehr verstanden wird.

Extreme Fremdbilder

Konfliktparteien werden unfähig, sich auf längere Zeitperioden einzustellen. Das, was augenblicklich aktuell ist, gewinnt eine überproportionale Bedeutung. Die kurzfristigen Einstellungen gefährden die langfristigen Überlebenschancen. Es entstehen Extrembilder. Die eigene Partei sieht sich selbst als fair, gutwillig, konstruktiv, die andere als schwierig, aggressiv und unzuverlässig. Wenn der Konflikt erheblich eskaliert, polarisieren sich die Selbst- und Fremdbilder so weit, dass wir dem Gegner schwere moralische Mängel zuschreiben und uns selbst als Vertreter des

Guten sehen. Die Konfliktparteien können die Welt dann gar nicht mehr anders wahrnehmen, als es ihrer vorgefassten Meinung entspricht.

Gefühle verändern sich

Der Konflikt verändert das Gefühlsleben der Parteien. Sie werden empfindlicher und sind misstrauisch. Um der Überempfindlichkeit zu begegnen, kapseln sie sich ab, wodurch sie dann nicht mehr so verwund- und verletzbar sind. Sie werden Gefangene ihres Innenlebens und schreiben dieses selbst gemachte schlechte Wetter der Gegenpartei zu. In Konflikten erleben wir, dass das, was wir denken oder wollen, von anderen nicht bereitwillig aufgegriffen wird. Wir stoßen auf Unverständnis und auf Ablehnung oder Widerstand.

Verletzungen verstellen die Sicht

Für die Konfliktparteien stellt sich die Frage: zurückziehen oder jetzt erst recht? Im Verlauf von Konflikten können sich die Gegner sehr verletzen. Dies stößt auf die tieferen Gefühlsregionen, und es kommt zu großer Wut und Zorn. Triebe und Begierden werden wachgerüttelt und gelangen an die Oberfläche. Dadurch kommt Kraft und Gewalt in die Konflikthandlungen.

Die Personen sind hin- und hergerissen zwischen Verstehen und Ablehnung, Sympathie und Antipathie, bis sich Emotionen und Gefühle ausbreiten und fixieren, von denen wir uns später nur schwer lösen können. Sie setzen sich fest und gewinnen ein Eigenleben. Sie können auch noch wirksam sein, wenn der Konflikt nicht mehr besteht. Das ist der Grund dafür, dass es sehr lange dauert, bis sich Konfliktparteien versöhnt haben. Es entsteht eine einseitige Fixierung auf die eigenen Interessen. Die Konfliktparteien beginnen, sich zu hassen. Die Folge: Im Konflikt steht uns nicht mehr die Vielfalt unserer Verhaltensweisen zur Verfügung. Alles reduziert sich auf einige wenige Stereotypen. Diese werden vom Konfliktgegner gut erkannt, und er reagiert entsprechend darauf.

Und plötzlich versteht man sich immer weniger

„Ich verstehe nicht, wie es so weit kommen konnte." So haben sich die Teilnehmer in einer meiner Konfliktberatungen geäußert. Es begann mit einer Auseinandersetzung über die Qualität im Projekt und endete damit, dass sich zwei Teilprojektleiter gegenseitig beim Auftraggeber schlecht machten. Erst als ich beide bat, den Verlauf des Konfliktes mit seinen Stationen aufzuzeichnen, merkten sie, dass ihnen ihre persönlichen Interessen wichtiger waren als die des Projektes.

Bei der Eskalation eines Konfliktes reagiert jede Partei so, dass sie durch ihre Reaktion den Konflikt verschärft. Das führt dazu, dass sich der Konflikt Stufe für Stufe hochschaukelt. Je höher die Eskalationsstufe ist, umso schwieriger wird es, eine Lösung zwischen den Konfliktparteien herbeizuführen.

Konfliktspirale

Bei der Konflikteskalation entsteht die folgende Spirale: Eine Konfliktpartei fühlt sich missverstanden und abgewiesen. Daraufhin ergreift sie Gegenmaßnahmen. Diese verstärken das Bild bei der Gegenpartei, die sich ebenfalls missverstanden fühlt und Gegenmaßnahmen ergreift. Das Verzwickte am Eskalationsmechanismus ist Folgendes: Je mehr sich die Parteien bemühen, für sich eine Lösung aus dem Konflikt zu finden, umso mehr ziehen sie sich in den Konflikt hinein.

Die Konfliktparteien neigen dazu, die jeweils andere Partei als Ursache aller Probleme zu sehen. Alles Negative wird der Gegenpartei zugeschrieben. Selbst bemüht man sich ja, den Konflikt zu lösen. Die Aktionen bewirken aber wenig. Der Grund dafür wird der Gegenpartei zugeschoben, da der eigene Anteil am Misslingen der Maßnahmen nicht erkannt wird.

Mehr Streitpunkte

Mit dem Verlauf des Konfliktes nimmt die Anzahl der Streitpunkte zu, und die Komplexität der zu lösenden Probleme steigt. Die Konfliktparteien versuchen dadurch mit dieser Situation fertig zu werden, dass sie die Komplexität ignorieren und den Sachverhalt vereinfachen. Subjektive und objektive Aspekte vermischen sich mit dem Fortgang des Konfliktes zunehmend. Ursache und Wirkung von Ereignissen können nicht mehr klar zugeordnet werden.

Je weiter der Konflikt fortschreitet, umso mehr wird der Konflikt personifiziert. Am Anfang eines Konfliktes stehen noch die sachlichen Interessengegensätze im Vordergrund. Mit zunehmender Eskalation rückt die Sache in den Hintergrund und man identifiziert Personen mit den Interessen. Dies ist dann auch meist der Beginn von persönlichen Beleidigungen. Der Konflikt kann nicht gelöst werden, weil die Person, die für das Interesse der Gegenpartei steht, sich nicht ändert. Man wünscht sich nichts sehnlicher, als dass diese ersetzt würde. Die Personifizierung des Konfliktes nimmt zu, gleichzeitig nimmt jedoch der Kontakt mit der Gegenpartei ab. Damit gibt es immer weniger Möglichkeiten, das reale Handeln der Person mit dem eigenen Bild zu konfrontieren. Das negative Bild der Gegenpartei verfestigt sich immer mehr.

Immer mehr Beteiligte

Mit zunehmender Eskalation werden immer mehr Personen in den Konflikt einbezogen. Jede Partei sucht sich Verbündete und Unterstützer. Diese verfolgen oft eigene Interessen und vergrößern damit die Komplexität der Streitgegenstände noch mehr. Die Lage wird immer unübersichtlicher. Durch die emotionale Angespanntheit blenden die Konfliktparteien die nicht in ihr Bild passenden Fakten aus. Die Konfliktparteien finden immer weniger eine Lösung aus der Situation. Je mehr der Konflikt eskaliert, umso stärker werden die Gewaltandrohungen.

Stufen der Eskalation

Ein Konflikt kann in drei Stufen eskalieren (siehe Abbildung 19):

- *Win-Win:* Beide Konfliktparteien hoffen auf einen positiven Ausgang des Konfliktes.
- *Win-Lose:* Jede Konfliktpartei möchte, dass die jeweils andere Partei im Konflikt unterliegt.
- *Lose-Lose:* Die Eskalation ist so weit fortgeschritten, dass eine positive Lösung für keine Partei mehr möglich ist. In dieser Phase führt jede Aktion dazu, dass es beiden Parteien schlechter geht.

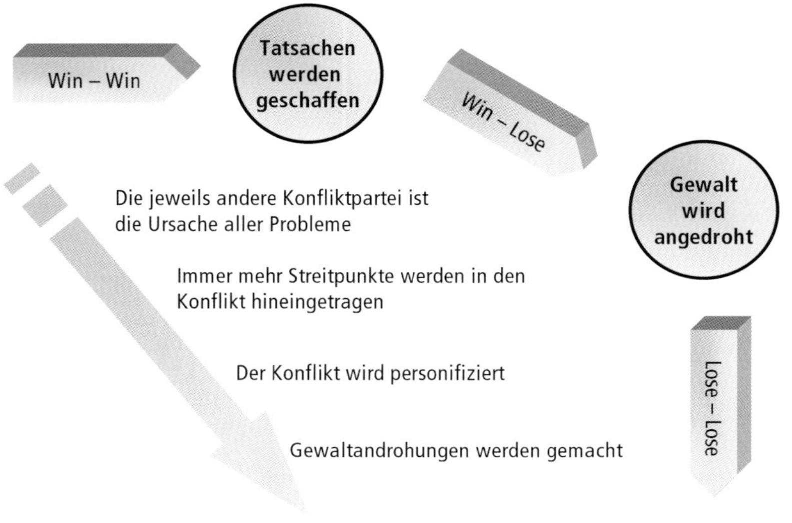

Abbildung 19: In jeder Phase der Konflikteskalation wird die Lösung des Konfliktes immer schwieriger

Mehrere Stufen In der Win-Win-Stufe ist die Kooperationsbereitschaft beider Parteien noch größer als deren Konkurrenz. Beide Parteien haben das gemeinsame Interesse, den Konflikt zu lösen. Gelingt ihnen das, haben beide gewonnen. In dieser Stufe wird der Konflikt verbal ausgetragen. Dies hat den Vorteil, dass Positionen leicht wieder zurückgenommen werden können.

Verhärtet sich der Konflikt, versuchen die Konfliktparteien Tatsachen zu schaffen. Dies kann darin bestehen, dass die Gegenpartei öffentlich in ein negatives Image manövriert wird. Damit erreicht der Konflikt eine neue Qualität. Die Lösung wird schwieriger, weil durch den Konflikt Tatsachen geschaffen wurden, die selbst wieder ein Konfliktgegenstand sind. In der Win-Lose-Stufe halten sich Kooperationsbereitschaft und Konkurrenz die Waage. Drohungen kündigen den Übergang in die nächste Phase an.

Der Konfliktgegner wird mit der Sache gleichgesetzt. Jetzt ist es das Ziel, den Gegner zu vernichten. Er bekommt die menschlichen

Eigenschaften abgesprochen und wird als Sache behandelt. Dadurch sinkt die Hemmschwelle für tatkräftige Teilvernichtungsschläge (Lose-Lose-Stufe).

Konflikte im Projekt: Widersprüche lösen Konflikte auf

Jeder Konflikt ist immer wieder neu. Aber es gibt auch immer wieder gleiche Muster in Konfliktsituationen. Berthold Schwarz hat in seinem Buch „Konfliktmanagement" unterschiedliche Konflikte untersucht. Er fand heraus, dass Konflikte je nach der Anzahl der daran Beteiligten ganz bestimmte Merkmale haben, und hat daraus Konflikttypen abgeleitet.

Individualkonflikte: zwei Seelen in einer Brust

Bei einem Individualkonflikt geraten unterschiedlichen Persönlichkeiten, die wir in uns haben, in eine Auseinandersetzung:

Beispiel für Individualkonflikt

Es ist Freitagabend. Der Auftraggeber hat den Projektleiter zum Essen eingeladen. Die beste Gelegenheit, um die Beziehungen mit ihm zu intensivieren und einige Punkte, die er noch klären muss, informell anzusprechen. Andererseits hatte er seiner Frau einen Theaterbesuch versprochen. Die Karten dafür hat er schon. Ein kleiner Ausgleich für die Abende, die er in den letzten Wochen nicht zu Hause war. Er kann dem Auftraggeber absagen. Dieser würde es verstehen. Er könnte seiner Frau sagen, sie solle alleine oder mit einer Freundin ins Theater gehen. Auch sie würde das verstehen. Er wird aber entweder seinen Auftraggeber oder seine Frau enttäuschen. Die Entscheidung trägt er alleine.

Streit der inneren Persönlichkeiten

Die eine Persönlichkeit in uns sagt: „Nutze die Gelegenheit. Eine bessere Chance bekommst du nicht mehr, um das neue Projekt vorzubereiten." Die andere sagt: „Jetzt hast du schon zwei Monate hintereinander keinen schönen Abend mit deiner Frau zugebracht. Gönne dir den Abend. Der Kunde ist auch morgen noch da." Daraufhin erwidert die erste: „Nächsten Monat ist das Projekt zu Ende. Dann hast du Zeit für deine Frau." Die andere Persönlichkeit in uns wird daraufhin ärgerlich: „Es ist jedes Mal das gleiche Spiel. In einem

Monat ist etwas anderes. Nutze die Zeit!" Dieser kleine innere Dialog ist erst der Beginn der inneren Auseinandersetzung. Schritt für Schritt werden die Argumente gegeneinander gestellt. Die Folge davon ist: Man kann sich nicht entscheiden.

Individualkonflikte sind Konflikte, die Personen mit sich selbst haben. Es sind Interessengegensätze, die sich in einer Person abspielen. Zwei oder mehrere innere Teammitglieder stehen in Widerspruch zueinander.

Individualkonflikte entstehen, wenn man sich zwischen zwei Alternativen entscheiden muss. Dabei hat keine der Alternativen einen eindeutigen Vorteil. Je länger man bei einem Individualkonflikt die Gründe für die eine oder andere Alternative erwägt, umso schwieriger wird die Entscheidung.

Auch dass Sie heute Projektleiter sind, kann ein Ergebnis eines Individualkonfliktes sein. Nämlich dann, als Sie vor die Wahl gestellt waren, ein Projekt zu übernehmen. Sie haben bei dieser Entscheidung einem Ihrer inneren Teammitglieder den Vorzug gegeben. Damit haben Sie einen Ihrer inneren Charakterzüge stärker ausgeprägt.

Persönliche Konflikte sind das „Lebenselixier" der Persönlichkeitsentwicklung. Ohne persönliche Konflikte durchgemacht zu haben, wird niemand zu einer „Persönlichkeit".

Paarkonflikte: Paar oder Individuum – das ist hier die Frage

Paarkonflikte erkennen Sie daran, dass zwei Personen sich persönlich streiten. Beispielsweise wie in dieser Situation:

Beispiel für Paarkonflikt

Zwei Mitarbeiterinnen teilen sich ein Büro. Es war ihr Wunsch, denn sie erledigten ähnliche Aufgaben und durch die räumliche Nähe konnten sie sich gut ergänzen. Man sagte über sie: „Zusammen sind die beiden unschlagbar." Das war vor einem Jahr. Inzwischen können beide in keinem Projekt mehr zusammenarbeiten.

Der Konflikt begann eigentlich ganz unscheinbar. Eine der Mitarbeiterinnen fing an zu rauchen. Das störte die gemeinsame Arbeit im Büro nicht, da sie immer auf dem Flur rauchte. Aber ihre Kollegin war manchmal schon verstimmt, wenn ein intensives Gespräch durch den Satz „Ich gehe mal eine rauchen" unterbrochen wurde. Der Zigarettenkonsum wuchs, und auch das Büro war kein Tabu mehr. Die Nichtraucherin fühlte sich jetzt stark belästigt. Sie tat alles für ihre Gesundheit und wurde jetzt als Mitraucherin geschädigt. „Das Rauchen zerstört unsere Beziehung", sagte sie. In der Tat. Die ehemals gute Arbeitsbeziehung hatte keine Basis mehr. Wenn beide sich intensiv mit einem Problem auseinander setzen, hatte die eine Lust, eine Zigarette zu rauchen, und die andere fühlte sich belästigt.

Immer wenn zwei Menschen, ein Paar, untrennbar eine Situation teilen, handelt es sich um einen Paarkonflikt. Das klassische Paar ist dabei das Ehepaar. Aber auch in Projekten gibt es Paare: Mitarbeiter, die ein Arbeitspaket zusammen erledigen müssen, der Projektleiter und seine Sekretärin oder der fachliche Projektleiter und sein Gegenpart beim Auftragnehmer.

Paarkonflikte entstehen aus dem Widerspruch zwischen Individuum und Paar.

Entweder unterdrückt ein Partner seine Individualität zugunsten des Paares, oder er setzt seine individuellen Bedürfnisse durch und gefährdet damit die Zweisamkeit. Im ersten Fall besteht die Gefahr, dass die mühsam entwickelte Persönlichkeit zerstört wird. Im zweiten Fall setzt sich eine Persönlichkeit so stark durch, dass die Paarbeziehung auseinander bricht. Bei Paarkonflikten müssen beide Partner eine Balance von Persönlichkeit und Paarbeziehung finden.

Paarkonflikte entstehen immer dann, wenn sich einer oder beide Partner nur begrenzt mit ihrer Individualität in die Beziehung einbringen können. Beide müssen, um die Beziehung aufrechtzuerhalten, eine ihrer persönlichen Seiten zurückstellen. Ein Auslöser für Paarkonflikte sind oft die unterschiedlichen Bedürfnisse nach

Nähe und Distanz. Ein Partner braucht eine große Nähe in der Beziehung. Er möchte zum Beispiel mit dem Partner in einem Büro zusammenarbeiten. Der andere braucht ein eigenes Büro.

Auch das unterschiedliche Bedürfnis nach Wechsel und Kontinuität kann Paarkonflikte auslösen. Zwei Kollegen arbeiten in einem Projekt gut zusammen. Das Projekt wird fortgeführt. Einer möchte lieber die Arbeit im Projekt fortsetzen, der andere lieber in einem neuen Projekt arbeiten. Unterschiedliche Herkunft und Normen sind oft Gründe dafür, dass trotz einer guten Zusammenarbeit immer wieder Auseinandersetzungen entstehen. Beide sehen die Dinge mit unterschiedlichen Augen und interpretieren Situationen anders. Jeder hat aus seiner subjektiven Sicht Recht und möchte, dass der andere dies genauso sieht.

Dreieckskonflikte: Wenn zwei sich gegen den Dritten verbünden

Streit der Beziehungen

Ein typischer Dreieckskonflikt in einem Projekt entsteht dann, wenn es einen Auftraggeber, aber zwei Projektleiter gibt, die zwar unterschiedliche Arbeitsschwerpunkte betreuen, aber sehr große Überschneidungen in ihren Aufgaben haben – zum Beispiel ein fachlicher Projektleiter und einer für die Realisierung. In diesem Konflikt gibt es drei Beziehungen zwischen verschiedenen Personen. Dabei bleibt jeweils eine Person immer aus der Beziehung ausgeschlossen. Tun sich die beiden Projektleiter zusammen, schwächt dies die Position des Auftraggebers, da beide sich die Bälle zuspielen können und die Interessen des Auftraggebers nicht genügend berücksichtigt sind. Zumindest aus dessen Sicht. Spielt der Auftraggeber seine beiden Beziehungen zu den Projektleitern aus, um Dinge besser durchzusetzen, leidet die notwendige Kooperation zwischen beiden Aufgabengebieten.

Ein Dreieckskonflikt entsteht, wenn sich in der Dreierbeziehung zwei verbünden und damit den Dritten ausschließen.

Gruppenkonflikte: Widersprüche im Team werden ausgetragen

Sie spüren an der Stimmung im Team, wenn es kriselt. Wenn die Aggressivität steigt, Diskussionen um eigentlich sachlich unwichtige Punkte stattfinden, oder wenn Teammitglieder, die Sie eigentlich als freudige Menschen kennen, bedrückte Gesichter machen.

Individuum und Team

Teams brauchen Konflikte, damit sich die Teammitglieder positionieren können. Typische Teamkonflikte treten immer im Storming auf. Die nach dem deshalb auch Kampfphase genannten Entwicklungsschritt gefundenen Lösungen und Kompromisse können während des Projektverlaufs immer wieder infrage gestellt werden. Typische Auslöser sind die Integration eines neuen Teammitglieds oder die Änderung von Rahmenbedingungen. Aber auch durch die Projektarbeit selbst können Konflikte ausgelöst werden.

Gruppenkonflikte entstehen dadurch, dass Ansprüche des Mitarbeiters als Individuum den Ansprüchen des Teams entgegenstehen. Gruppen versuchen, ihre Mitglieder mehr oder weniger emotional gleichzuschalten. Dem steht entgegen, dass Gruppen von ihrer Natur her keine gleichgeschalteten Individuen sind. Teams lösen diese Konflikte, indem jedes Teammitglied eine Rolle im Team hat.

Folgende Konfliktarten sind zu unterscheiden:

- Bei *Territorialkonflikten* konkurriert jedes Teammitglied mit jedem anderen vor allem um Einfluss und Vertrauen in der Gruppe. Dies ist insbesondere in Anfangssituationen von Gruppen ein wichtiger Konflikt. Durch ihn wird geklärt, wer welchen Platz in der Gruppe hat. Durch Territorialkonflikte kristallisieren sich die Rollen im Team heraus. Sie treten insbesondere zwischen den potenziellen Führern in der Gruppe auf.

- In *Konkurrenz- und Rangordnungskonflikten* stellt sich heraus, wer im Team in Bezug auf eine Sache besser ist. Bei diesen Konflikten wollen beide Konfliktparteien das Gleiche, aber gegeneinander. Ein typisches Beispiel im Projekt ist, wenn zwei Mitarbeiter ein und dasselbe Arbeitspaket übernehmen wollen. Ein Konkurrenzkonflikt hat eine positive Seite. Durch ihn findet das Team heraus, wer der Beste für eine Tätigkeit ist. Experten im Team kristallisieren sich immer durch diese Konflikte heraus. Rangordnungskonflikte fördern so die Entwicklung des Teams. Klären Sie diese Konflikte jedoch frühzeitig. Sie lassen sich leichter lösen, wenn die Rollen im Team noch nicht stabil sind.

Projektleiter als Auslöser

- Der Auslöser für *Rivalitätskonflikte* ist oft der Projektleiter. Oft merken Sie nicht, dass Sie einzelnen Mitgliedern Vergünstigungen gewähren und anderen nicht. Bei Rivalitätskonflikten geht es um die Frage, wer einem einflussreichen Teammitglied, beispielsweise dem Projektleiter, am nächsten steht und den größten Einfluss auf ihn hat. Rivalisierende Teammitglieder verlieren oft das gemeinsame Ziel aus den Augen.

- Bei *Normierungs- und Bestrafungskonflikten* zeigt sich, wer oder welche Gruppierung Einfluss auf die Regeln in der Gruppe hat und damit den „Ton" angibt. In jedem Team gibt es immer Teammitglieder, die eine große Sicherheit brauchen. Für sie sind Regeln wichtig, weil sie der Arbeit im Team eine Struktur geben. Andere Teammitglieder fühlen sich durch Regeln eher eingeschränkt. Sie wollen möglichst viel offen lassen. Ein Normierungskonflikt wird oft über eine Diskussion über die Verbindlichkeit von Regeln ausgetragen.

- Mit *Zugehörigkeitskonflikten* wird geklärt, wer in der Gruppe welche Bedeutung hat. Durch den Konflikt stellt sich heraus, welches die zentralen Mitglieder des Teams sind und welche Teammitglieder am Rand stehen. Durch diesen Konflikt klärt das Team, wo die Teamgrenze ist. Vor allem die Teammitglieder mit einem von der Norm stark abweichenden Verhalten kämpfen hier um ihre Integration in die Gruppe.

Formelle und informelle Führer

- Bei *Führungskonflikten* kristallisieren sich die formellen und informellen Führer in der Gruppe heraus, es zeigt sich, wer der am besten geeignete Führer ist. Formal sind Sie als Projektleiter Führer. In der Gruppe kann es aber immer Mitglieder geben, die Ihre Funktion nicht akzeptieren. Dieser Konflikt wird meist nicht offen ausgetragen. Neben dem Projektleiter bildet sich im Team oft ein informeller Führer heraus. Das sind meist Mitarbeiter, denen die anderen Teammitglieder vertrauen. Dadurch haben sie einen großen Einfluss auf die Kultur und Stimmung in der Gruppe. Stellen sich diese Mitarbeiter gegen Sie, wird Ihre Führungsfunktion angegriffen. Potenzielle Führungskonflikte entstehen auch dann, wenn ein Mitarbeiter sich Hoffnung auf die Projektleitung gemacht hat, jedoch nicht zum Zuge kam.

- *Reifungs- und Ablösungskonflikte* entstehen, wenn Menschen sich von Personen oder Institutionen, von denen sie abhängig waren, lösen. Auslöser eines solchen Konfliktes können Sie selbst sein – zum Beispiel, wenn Sie Ihren Assistenten in der Projektleitung eine Teamleitung übergeben. Dadurch erhält die gleiche Person eine andere Rolle. Verhaltensmuster, die für das Verhältnis zwischen Projektleiter und Assistenten passend waren, können nicht auf das neue Verhältnis übertragen werden. Ihr Assistent, der Sie bisher immer kooperativ unterstützt hat, wird sich mit Ihnen streiten, wenn er die Interessen seines Teams vertreten muss. Dieser Konflikt bringt auch das Beziehungsgeflecht in der Gruppe durcheinander. Der Assistent war Mitarbeiter im Projekt und muss jetzt in der neuen Rolle als Teamleiter seine Position unter den Teamleiterkollegen erkämpfen.

Stellvertreterkriege

- *Substitutionskonflikte* bezeichnet man auch als Ersatzkonflikte und Stellvertreterkriege. Der eigentliche Konflikt wird auf ein anderes, ungefährlicheres Thema verschoben. Ein Mitarbeiter akzeptiert Ihre Art der Projektführung nicht. Er kann aber Ihre Führungsrolle nicht offen infrage stellen. Stattdessen streitet er mit Ihnen beispielsweise um jede auch noch so kleine Verletzung einer Vorschrift, die Sie begangen haben, als ginge es um eine ganz große Sache.

- *Verteidigungskonflikte* werden geführt, wenn in einer Gruppe ein Mitglied von außen oder auch von anderen Gruppenmitgliedern angegriffen wird. Hier finden sich immer andere Mitglieder, die dieses Gruppenmitglied verteidigen. Solche Konflikte können zum Beispiel in Meetings mit Kunden sehr schnell entstehen. Ein Teammitglied wird von einem Mitarbeiter des Kunden beschuldigt, sich nicht an die beim Kunden geltenden Vorschriften gehalten zu haben. Andere Teammitglieder werden dann ebenfalls in eine Verteidigungshaltung gehen, vielleicht sogar anführen, dass die Vorschriften bei der Durchführung des Projektes nicht anwendbar sind.

Beispiel für Organisationskonflikt

Organisationskonflikte: Widersprüche zwischen Teams
Das Projektteam für die Infrastruktur möchte nur möglichst wenige und standardisierte Elemente bereitstellen und scheut jede Extraanforderung. Dagegen möchten die Teilprojektteams, welche die Infrastruktur nutzen, nur maßgeschneiderte Lösungen. Jedes Team möchte für sich den Aufwand minimieren. Das Infrastrukturteam tut dies, indem es nur eine Standard-Infrastruktur bereitstellt, die Fachteams, indem sie den Anpassungsaufwand in ihrem Projekt gering halten wollen. Die Konflikte entzünden sich immer dann, wenn vom Infrastrukturteam Leistungen gefordert werden, die es nicht erbringen will oder erbringen kann.

Streit zwischen Team und Organisation

Organisationskonflikte entstehen, wenn mehrere Teams in einem Projekt zusammenarbeiten müssen. Jedes Team hat seine eigenen Interessen, die im Widerspruch zu den Interessen anderer Teams stehen können. Hinzu kommt, dass Teams die Tendenz haben, sich von der Außenwelt abzukapseln und alle Fragen aus ihrer Perspektive zu interpretieren.

Organisationskonflikte entstehen dann, wenn Konflikte zwischen Gruppen auftreten, die miteinander kooperieren müssen. Die Konflikte haben ihre Ursache in den unterschiedlichen Aufgaben und Interessen der Gruppen.

Die Projekthierarchie schafft eine Struktur, durch die Teilprojekte und Teams zusammengebunden sind und die Wege zur Kooperation und Konfliktlösung bietet. Teams brauchen diese äußere Klammer, da Gruppen von Natur aus nicht kooperieren. Durch das Gesamtprojekt wird die Kooperation erzwungen. Die Gesamtprojektleitung ist vor allem auch eine Konfliktlösungsinstanz für die Konflikte zwischen den Projektteams.

Weitere Konfliktformen

Neben den Organisationskonflikten gibt es in einem Gesamtprojekt auch alle anderen Konfliktformen: Gruppenkonflikte zwischen den Teamleitern; Dreieckskonflikte zwischen Auftraggeber, Gesamtprojektleiter und einzelnen Teamleitern; Paarkonflikte beispielsweise zwischen dem Gesamtprojektleiter und seinem Assistenten. Diese Konflikte können in vielen Fällen nicht eindeutig zugeordnet werden, weil sie sich gegenseitig beeinflussen und überlagern.

Fünf Strategien für die Konfliktlösung

Ziel der Konfliktlösung

Alle Konfliktlösungsstrategien haben nur ein Ziel: Jede Konfliktpartei will erreichen, dass der Konflikt nicht mehr besteht. Da es in einem Konflikt keine von den Konfliktparteien unabhängige Wahrheit gibt, können nur die Konfliktparteien eine Lösung finden. Weder kann dabei eine Partei alleine entscheiden, mit welcher Strategie der Konflikt gelöst wird, noch wie die Lösung für den Streitpunkt aussieht. Daraus ergibt sich die folgende paradoxe Situation: Der Auslöser des Konfliktes trennt die Parteien sachlich und emotional, bei der Lösung des Konfliktes sind beide aber fest zusammengebunden.

Es wird deshalb nicht nur um die Sache selbst, sondern auch um die Art und Weise der Lösung gestritten. Bei Verhandlungen ist diese Situation ähnlich. Bei einem Konflikt gibt es jedoch einen entscheidenden Unterschied. Hier sind die Konfliktgegner weder fähig noch willens, sich über die Frage der Art der Konfliktlösung zu verständigen. Jede Partei versucht nicht nur, ihre Interessen durchzusetzen, sondern auch ihre Strategie der Konfliktlösung.

Eigenen Standpunkt durchsetzen

Bei Konflikten lassen sich fünf Grundmuster im Umgang mit Konflikten beobachten. Jede dieser Grundformen hat Vor- und Nachteile für die Konfliktlösung. Immer aber geht es darum, den eigenen Standpunkt durchzusetzen. Die Frage ist nur: um welchen Preis? Die Traumlösung für einen Konflikt ist, sowohl den eigenen Standpunkt durchzusetzen als auch die größtmögliche Rücksicht auf den Konfliktgegner zu nehmen. Jedes der Grundmuster lässt sich unter dem Aspekt der Durchsetzung der eigenen Interessen und der Rücksichtnahme auf den Konfliktgegner bewerten. Dies ist in Abbildung 20 dargestellt.

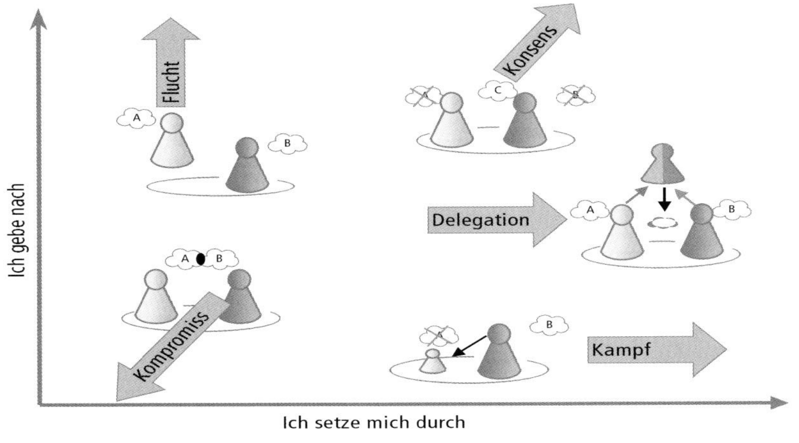

Abbildung 20: Durchsetzung des eigenen Standpunktes und Rücksichtnahme auf andere bestimmen die Wahl der Strategie

Konfliktlösung „Flucht"

Flucht ist das einfachste und älteste Muster der Konfliktlösung. Im wörtlichen Sinne bedeutet fliehen, dass man dem Konflikt davonläuft. Man wird angegriffen und rennt so schnell wie möglich weg. Flucht tritt in Projekten in verschiedenen Formen auf. Der Konflikt wird geleugnet, man kehrt ihn unter den Teppich oder verschiebt ihn. Damit wird der Konflikt aber nicht gelöst. Die Situation, die zum Konflikt geführt hat, bleibt erhalten. Die Gegensätze im Konflikt können nicht gelöst werden, da eine Konfliktpartei sich der Auseinandersetzung entzieht.

Der Vorteil dieser Lösung: Sie ist rasch, einfach und schmerzlos. Da der Konflikt nicht wirklich gelöst wurde, gibt es auch keinen Verlierer. Der Nachteil ist, dass der Konflikt weiter besteht. Dadurch kann der Konflikt, vielleicht sogar verstärkt, wiederkommen. Diese

Lösung ist deshalb für beide Konfliktparteien unbefriedigend. Der Angreifer kann seine Interessen nicht durchsetzen. Der Fliehende bezahlt ebenfalls einen hohen Preis. Er muss dem Gegner das Feld räumen. Beide könnten durch die Auseinandersetzung eine bessere Lösung finden. Diese Chance wird jedoch nicht genutzt.

Konfliktlösung „Kampf"

Der Kampf ist das Gegenteil der Flucht. Die Konfliktparteien gehen aufeinander los, mit dem Ziel, den Konflikt für sich zu entscheiden. Diese Strategie hat zwei Varianten. Bei der einen wird der Gegner vernichtet, bei der anderen unterworfen. Das Ergebnis ist in beiden Fällen gleich. Bei dieser Strategie setzt sich eine Partei mit allen ihren Interessen durch.

Bildlich wird bei der Vernichtung der Gegner „getötet". Nach dem Konflikt überlebt nur eine Partei. Zu einem Ausgleich der Standpunkte kommt es nicht. In Projekten kommt diese Konfliktlösung in folgenden Formen vor: Der Konfliktgegner wird abgestempelt, zum Sündenbock gemacht, auf ein Abstellgleis gestellt oder aus dem Projekt gedrängt.

Vernichtung des Gegners

Vernichtung ist eine einmalige und gründliche Dauerlösung. Das Ergebnis ist unkompliziert, da die Lösung einer Seite übernommen wird. Die Konfliktlösung wird durch die Stärke des überlegenen Gegners herbeigeführt. Die Lösung ist nicht mehr korrigierbar. Sie ist aber inhuman und verbreitet Schrecken. Die in der Konfliktlösung liegende Chance zur Weiterentwicklung durch den Ausgleich von unterschiedlichen Standpunkten wird nicht genutzt.

Unterordnung des Gegners

Bei der Unterordnung übernimmt die unterlegene Partei die Lösung der überlegenen. Die Unterordnung ist ein typisches Muster für die Lösung bei Konflikten um Ressourcen und bei Führungskonflikten. Die Unterlegenen werden gezwungen, ihre Ansprüche an Ressourcen oder Führung aufzugeben. Menschheitsgeschichtlich war die Sklaverei eine Form der Unterwerfung im Konflikt um die Ressource „Arbeitskraft". In Hierarchien ist dieses Konfliktlösungsmuster durch die Regel „Ober sticht Unter" für Führungskonflikte institutionalisiert. Es gibt aber auch andere Formen dieser Konfliktlösungsstrategie: Überreden, Bestechen, Manipulieren, Drohen und Abstimmen.

Bei der Unterwerfung übernimmt die überlegene Partei die Verantwortung für die Lösung. Die gefundene Lösung gibt beiden Parteien Sicherheit. Es wird schnell klar, wer was darf und wer was nicht. Der Nachteil besteht darin, dass prinzipiell keine dauerhafte Lösung gefunden ist. Denn der Unterworfene wird immer danach streben, das Verhältnis der Konfliktlösung umzukehren. Der Unterwerfer muss stets Energie dafür aufwenden, das Verhältnis von Unterwerfenden und Unterworfenem aufrechtzuerhalten. Aus dem Verhältnis können immer wieder neue Konflikte entstehen, da eine die Interessen beider Parteien berücksichtigende Lösung nicht gefunden wird.

Konfliktlösung „Delegation"

Bei der Delegation übertragen die Konfliktparteien die Lösung des Konfliktes auf eine übergeordnete Instanz – wie zum Beispiel Lehrer, Richter, Vorgesetzte oder Gutachter. Beide Parteien unterwerfen sich dann der von einer neutralen Stelle gefundenen Lösung. Diese Strategie ist nur möglich, wenn es eine richtige und eine falsche Lösung gibt und die Instanz, an die die Lösung delegiert wurde, diese Lösung auch finden kann.

Weder Sieger noch Verlierer

Der Vorteil dieser Strategie ist, dass es weder einen Sieger noch einen Verlierer gibt. Solange die neutrale Instanz anerkannt wird, ist es eine sichere, verbindliche Lösung. Ein Projektlenkungsausschuss ist im Projektmanagement eine Form der Konfliktlösung durch Delegation. Denn er ist für Konflikte auf der Arbeitsebene die Eskalationsinstanz. In ihm sitzen Vertreter aller Interessensparteien des Projektes. Er hat damit auch die Kompetenz, die Konflikte sachlich zu beurteilen.

Diese Lösungsstrategie hat die folgenden Nachteile: Es kann unter Umständen lange dauern, bis die Lösung gefunden ist. Die dritte Partei muss den Streitpunkt erst verstehen und sich in die Situation hineinversetzen. Sie ist deshalb umso ungeeigneter, je komplexer die Interessengegensätze sind. Diese Strategie ist tendenziell korruptionsanfällig, wenn die Konfliktparteien versuchen, die neutrale Instanz auf ihre Seite zu bringen. Wenden Konfliktparteien diese Strategie immer an, werden sie unfähig, selbst Konflikte zu lösen.

Konfliktlösung „Kompromiss"

Beim Kompromiss einigen sich die Konfliktparteien untereinander. Kompromisse kommen in der Regel durch Verhandlungen zustande. Dabei einigen sich beide Parteien schrittweise. Jede Partei rückt einige Schritte von ihrer Position ab. Voraussetzung ist jedoch, dass beide Parteien die Lösung durch Verhandeln wollen.

Der Vorteil des Kompromisses ist, dass eine für beide Seiten tragbare Lösung gefunden wird. Der Nachteil besteht darin, dass Teile des Konfliktes ausgeklammert werden. Je größer der Bereich ist, in dem sich die Parteien geeinigt haben, desto besser ist die Konfliktlösung. Werden jedoch nur Lösungen für die Randbereiche des Streites gefunden, spricht man von einem faulen Kompromiss, da der eigentliche Kern unangetastet bleibt.

Kompromisse werden durch Verhandlungen gefunden. Hierfür können Sie alle Techniken nutzen, die im vierten Kapitel zum Thema „Verhandlungen" beschrieben sind.

Konfliktlösung „Konsens"

Der Konsens ist die Traumlösung für Konflikte. Er ist die einzige Möglichkeit, Konflikte wirklich zu lösen, aus denen es logisch keinen Ausweg gibt. Sie werden oft mit den Worten „Zielkonflikt", „Henne-oder-Ei-Problem" oder „Quadratur des Kreises" umschrieben.

Ein typisches Beispiel dafür ist der Konflikt zwischen Standardlösungen und maßgeschneiderten Lösungen. Maßgeschneiderte Lösungen lassen sich gut verkaufen und sind deshalb beim Vertrieb sehr beliebt, denn sie erfüllen die Kundenwünsche optimal. Standardlösungen sind kostengünstig. Eine maßgeschneiderte kostengünstige Lösung gibt es jedoch nicht. Bei hoher Konkurrenz kann weder die eine noch die andere Lösung beim Kunden durchgesetzt werden. Eine maßgeschneiderte Lösung will der Kunde nicht bezahlen, eine kostengünstige erfüllt zu wenig seine individuellen Wünsche. Es kommt darauf an, eine Lösung zu finden, die beiden Seiten gerecht wird.

Einzige dauerhafte Lösung

Ein Konsens ist die einzige dauerhafte und verlässliche Lösung für einen Konflikt. In ihm stecken auch die größten Lern- und Entwicklungschancen für die beteiligten Parteien. Konfliktlösung durch Konsens ist ein langwieriger Prozess, bei dem die beiden Parteien erst durch Kampf ihre gegenseitigen Standpunkte sichtbar machen müssen, bevor sie einen Konsens finden können. Das Beispiel zeigt, welche Schritte die Konfliktparteien gehen müssen, um zu einem Konsens zu gelangen.

Beispiel *Es ging um ein Reorganisationsprojekt in einer Maschinenfabrik. Das Unternehmen war mit seinen Werkzeugmaschinen bisher Monopolist. Jetzt drängte ein ausländisches Unternehmen auf den Markt. Da es diesem Unternehmen darum ging, Fuß zu fassen, bot es seine Maschinen zu einem günstigeren Preis an. In der Maschinenfabrik sagte man, dass es Dumpingpreise seien, denn so günstig könnte man die Maschinen nicht produzieren. Von der Geschäftsleitung wurde ein Projektteam eingesetzt, das einen Vorschlag für eine Kostenreduzierung erarbeiten sollte. Schon nach kurzer Zeit gab es zwei Lager, die in einen heftigen Streit gerieten. Dieser entstand, als die Projektmitglieder aus der Produktion vorschlugen, nur noch Standardmaschinen herzustellen. Die bisherige Einzelfertigung der Werkzeugmaschinen sollte eingestellt werden. Damit ließen sich die Produktionskosten drastisch senken, argumentierten sie. Die Teammitglieder aus dem Vertrieb wehrten sich entschieden und forderten im Gegenteil, dass die Produktion noch viel mehr Einzelanfertigungen machen sollte, da nur so eine dauerhafte Kundenbindung erreicht werden könnte.*

Bei diesem Konflikt handelt es sich um einen nicht auflösbaren Gegensatz. Die beteiligten Gruppen oder Menschen identifizieren sich jeweils mit einer Seite dieses Gegensatzes, wobei sich diese Seiten gegenseitig ausschließen – wie hier die Produktion mit der Senkung der Kosten und der Vertrieb mit der Kundenfreundlichkeit.

Aporien Solche Interessengegensätze nennt man aporetisch. Aporien haben drei charakteristische Eigenschaften:

1. Es sind zwei widersprechende Standpunkte (Einzelfertigung versus Massenfertigung) vorhanden.
2. Beide Standpunkte sind für sich genommen wahr (Einzelfertigung ist kundenfreundlich, Massenfertigung kostengünstig).
3. Beide Standpunkte sind voneinander abhängig (der Vertrieb kann ohne Produktion nichts verkaufen, die Produktion ohne Vertrieb nichts absetzen).

Eine Konfliktlösung wird erst dann möglich, wenn beide Parteien die aporetische Situation erkennen und bereit sind, sich ernsthaft mit dem jeweils anderen Standpunkt auseinander zu setzen. Jede der Konfliktparteien muss erkennen und zugeben, dass sie auf die anderen Personen oder Gruppe angewiesen ist und dass es für die Lösung nur einen gemeinsamen Weg gibt.

Konfliktlösung bei aporetischen Konflikten

Diese Konfliktlösung ist ein Prozess, der beide Parteien zu einer Lösung zwingt, die sie zu Beginn des Konfliktes nicht sehen. Die Lösung wird erst durch die Auseinandersetzung im Konflikt deutlich. Die Energie im Konflikt erwächst aus dem Widerspruch und dem Druck, eine Lösung zu finden. Am Ende des Konfliktes entsteht etwas Neues, das die alten widersprüchlichen Teile in sich vereinigt.

Bei aporetischen Konflikten versuchen beide Partei in der Anfangsphase oft, dem Konflikt aus dem Weg zu gehen. Es dauert oft lange, bis beide Parteien erkennen, dass sie den Konflikt nicht ignorieren können und Flucht sinnlos ist.

Konflikt kann nicht ignoriert werden

Mit zunehmender Konfliktdauer treten die Gegensätze immer deutlicher hervor. Beide Parteien können ihnen nicht mehr aus dem Weg gehen. Dabei versuchen beide Seiten, Recht zu behalten und das Unrecht der anderen Partei zuzuschreiben. In extremen Fällen versuchen sie, sich gegenseitig auszuschalten. In dieser Phase wird noch keine gemeinsame Lösung sichtbar. Wie lässt sich Massenfertigung mit Einzelfertigung vereinigen? Hat nicht doch eine der beiden Parteien Recht? Ist nicht die Einzelfertigung der richtige Weg, um die Kunden zu halten? Ist nicht die Massenfertigung der richtige Weg, um dem Kostendruck standzuhalten?

Je länger der Konflikt dauert und gestritten wird, umso weniger wird eine Lösung sichtbar. In dieser Phase erscheint den Konfliktparteien die Lösung so weit entfernt, dass sie das Gefühl haben, es nicht zu schaffen. Sie werden jetzt kompromissbereit. Da sie selbst keine Lösung finden, versuchen sie, das Problem zu delegieren. Die Lösungsansätze in dieser Phase sind dann, eine Benchmark durchzuführen, einen Berater hinzuzuziehen oder wissenschaftliche Studien in Auftrag zu geben.

In dieser Phase sehen die Konfliktparteien langsam drei wesentliche Punkte ein:

- Sie sehen erstens, dass eine einseitige Entscheidung falsch ist. Weder Massenfertigung ist richtig, weil sie die Kundenorientierung verhindert, noch Einzelfertigung, weil die Kosten für die Kunden zu hoch sind.
- Zweitens wird ihnen bewusst, dass auch eine dritte Seite keine Lösung findet, da alle Versuche, Ratschläge von Dritten zu erhalten, fehlgeschlagen sind. Das Problem ist in anderen Unternehmen ebenfalls nicht gelöst, und die Berater bieten kein Patentrezept.
- Drittens erkennen sie, dass nur durch eine gemeinsame Diskussion eine Lösung erreicht werden kann.

Lösung bahnt sich an

Die Diskussion bekommt jetzt einen anderen Charakter. Die Gegensätze prallen nicht mehr aufeinander und werden durch Gegenargumente erwidert. Einzelne Teammitglieder beginnen, die Argumente der anderen Partei zu verstehen. In den Parteien treten Dissidenten auf. Die Vertreter der Produktion zeigen Verständnis für die Maßanfertigung, und einige Vertreter aus dem Vertrieb sehen ein, dass nur durch die Massenproduktion Kosten eingespart werden können. Durch die Dissidenten verflüssigen sich die Gegensätze. Das alte Feindbild verschwindet. Diese Phase bereitet die Lösung vor.

Plötzlich taucht die Lösung auf. Beide Seiten haben eine kreative Phase durchlebt und die lang gesuchte Lösung gefunden – in diesem Fall sogar eine Innovation in der Produktion: die Modulfertigung. Module sind Standardprodukte, aus denen das Fertigprodukt zusammengesetzt wird. Durch die Kombination von Modulen können maßgefertigte Maschinen zusammengebaut werden. Dadurch wird die Produktion kostengünstiger, und gleichzeitig können die Lösungen für den Kunden auf dessen Bedürfnisse zugeschnitten werden.

Konflikte lösen: kühler Kopf bei heißen Themen

In der Hitze des Gefechtes findet niemand eine Lösung für einen Konflikt. Ja, im Gegenteil: Die Konfliktparteien streiten sich, und die Argumente drehen sich im Kreis. Bei jedem Wortwechsel wiederholt jeder immer wieder die gleichen Argumente. Wenn Sie bemerken, dass Sie in einen Konflikt verstrickt sind, dann sollten Sie drei Dinge tun:

Drei Schritte zur Konfliktlösung

- Abstand zum Konflikt gewinnen,
- die Situation analysieren und
- eine Strategie zur Lösung entwickeln.

Ihre Emotionen verstellen Ihnen den Blick auf die Situation. Man sagt nicht umsonst im Streit: „Regen Sie sich ab!“ Dies ist leichter gesagt als getan. Meist hilft aber schon eine Nacht, und am Morgen nach dem Streit sind die Emotionen nicht mehr so stark. Jetzt haben Sie den Kopf frei für einen nüchternen Blick auf die Situation. Und im zweiten Schritt führen Sie dann eine Konfliktdiagnose durch.

Konfliktdiagnose heißt, sich ein Bild von dem Konflikt zu machen. Sie ist die Basis für die nächsten Schritte. Sind Sie selbst eine Konfliktpartei, dann ist es auch eine Selbstdiagnose. Sind Sie im Konflikt jedoch in Ihrer Rolle als Projektleiter gefragt, dann ist es eine Fremddiagnose. In beiden Fällen werden aus unterschiedlichen Blickwinkeln die Fakten zum Konflikt zusammengetragen. Dadurch werden alle möglichen Aspekte und Facetten des Konfliktes sichtbar.

Bei der Konfliktdiagnose werden Antworten auf die folgenden Fragen gesucht:

- Was sind die Streitpunkte?
- Wie war der bisherige Konfliktverlauf?
- Wer sind die Beteiligten?
- Welche Positionen und Beziehungen haben die Konfliktparteien untereinander?

Streitpunkte

Die Streitpunkte sind die Interessen, welche die Parteien im Konflikt durchsetzen wollen. Dabei bringt jede Partei andere Streitpunkte in den Konflikt ein, die sie jeweils aus ihrer subjektiven Sicht beurteilt. Aus einer objektiven Perspektive betrachtet, können ganz andere Punkte, Fragen oder Anliegen identifiziert werden. Vor allem dann, wenn der Konflikt um tabuisierte Punkte geführt wird. Der Streitpunkt kann objektiv benannt, aber auch rein subjektiv empfunden werden. Objektive Streitpunkte sind zum Beispiel Aufgaben und Kompetenzen. Rein subjektiv sind es Punkte, die das Verhalten von Personen betreffen.

Konfliktverlauf

Jeder Konflikt hat seine Geschichte. Selbst dann, wenn er plötzlich auszubrechen scheint, gab es meist eine Vielzahl von Ereignissen, die zum Ausbruch geführt haben. Aus dem Konfliktverlauf kann man ersehen, in welchem Stadium sich der Konflikt befindet. Aufschlussreich für den Konflikt sind Wendepunkte, an denen sich die Situation spürbar geändert hat. Jede Phase im Konfliktverlauf hat ihre unausgesprochenen Spielregeln, die von den Parteien geachtet werden. Mit jedem Wendepunkt verletzt eine Partei die Spielregeln. Zum Beispiel findet ein Wechsel von einer gemäßigten Tonart in eine lautere statt. Oder im Extrem vom rein verbalen Streiten zur Handgreiflichkeit. Je mehr dieser Wendepunkte es gibt, umso mehr ist der Konflikt auch durch seine eigene Geschichte belastet.

Zu den Beteiligten gehören die Konfliktparteien, aber auch die, welche von diesen mit in den Konflikt hineingezogen werden. Je mehr sich der Konflikt ausweitet, umso intensiver versuchen die Parteien, Verbündete zu gewinnen. Diese bringen dann oft noch weitere Streitpunkte ein. Ein Raucher und ein Nichtraucher, die in einem Zimmer sitzen, gewinnen jeder für sich die anderen Raucher bzw. Nichtraucher. Diese stellen dann Forderungen nach Raucherzimmern oder nach einem Rauchverbot im Gebäude. Gewinnen diese dann noch Geschäftsführer oder Betriebsräte für ihre Forderungen, so wird schnell aus einem Konflikt zwischen zwei Mitarbeitern ein Organisationskonflikt.

Positionen und Beziehungen

Die Positionen und Beziehungen zwischen den Konfliktparteien bestimmen, inwieweit die Parteien einen Konflikt für lösbar halten oder nicht. Dahinter steht die Frage: Wer sitzt, zumindest aus seiner subjektiven Sicht, am längeren Hebel? Diese Einschätzung bestimmt, mit welcher Strategie die Konfliktpartei die Lösung anstrebt. Derjenige, der sich am längeren Hebel sieht, wird eher einen Kampf anstreben als derjenige, der sich am kürzeren Hebel sieht. Schätzen sich beide Parteien als gleich stark ein, werden eher die Strategien Delegation, Kompromiss oder Konsens angestrebt.

Bilanz der Gewinne und Verluste

Erstellen Sie im dritten Schritt eine Bilanz der Gewinne und Verluste der unterschiedlichen Konfliktstrategien. Ein Muster einer solchen Bilanz zeigt Abbildung 21. Durch diese Bilanz können Sie sehr schnell erkennen, was es kostet, wenn ein Konflikt nicht ausgetragen wird, oder welcher Preis für den Versuch gezahlt werden muss, den Gegner zu unterwerfen – aber auch, wie aufwendig es ist, einen Konsens zu erzielen.

Lösungsfindung im Konflikt

Die folgenden Tipps helfen, bei einem Konflikt eine Lösung zu finden:

- Achten Sie auf Anzeichen für einen Konflikt. Dies verhindert, dass Sie unbewusst in eine Konfliktdynamik kommen.
- Rufen Sie sich die Entstehung des Konfliktes ins Gedächtnis. Damit erkennen Sie seine Ursachen.
- Nehmen Sie Ihren Konfliktgegner ernst. Sein Interesse ist genauso berechtigt wie Ihres!
- Seien Sie offen und suchen Sie nach anderen Perspektiven. Damit verrennen Sie sich nicht in nur eine Lösung.
- Bleiben Sie höflich und sachlich. Dies ist oft nicht leicht, aber die einzige Möglichkeit, den Konflikt gemeinsam zu lösen.
- Nehmen Sie Hilfe an. Ein Dritter sieht die Situation meist sachlicher und kann zwischen Ihnen und Ihrem Konfliktgegner vermitteln.

Konfliktlösung	Beispiel	Vorteil	Nachteil
Flucht	Auf die lange Bank schieben Gegensatz ignorieren	Einfach Schmerzlos Keine Verlierer	Keine echte Lösung Wiederkehr in schärferer Form
Kampf			
■ Vernichtung	Rufmord Kündigung	Gegner wird dauerhaft besiegt	Fehler ist nicht mehr korrigierbar
■ Unterordnung	Verkaufen Überreden Manipulieren Bestechen Drohen Abstimmen	Entlastung Sicherheit für den Unterworfenen Klare Verantwortung Gegner nicht vernichtet	Der Schwächere muss sich unterwerfen Schwächerer als „Munitionier" im Untergrund
Delegation	Eltern Vorgesetzte Richter Schiedsrichter	Gemeinsame Verbindlichkeit Objektivität Sachlichkeit Kompetenz	Entfremdung Individuelle Identifikation gering
Kompromiss	Arbeitsgerichtlicher Vergleich Ergebnis von Verhandlungen	Einigung Guter Kompromiss, wenn möglichst viele Bereiche eingeschlossen sind	Wenn die Einigung nur über Teile geht, kommt der Konflikt wieder
Konsens	Neue, bisher nicht da gewesene Lösung		Langwierig Oft schwierig, beide Seiten anzuerkennen Lösung erfordert Kreativität

Abbildung 21: Die Konfliktbilanz gibt einen Überblick über die verschiedenen Handlungsoptionen

Lösungsmethoden: Plattformen für professionelles Streiten

Bei einem Konflikt können Sie Ihren Schopf selten allein aus dem Sumpf herausziehen. Dies geht nur dann, wenn Sie Abstand gewonnen haben und Ihr Konfliktgegner ebenfalls genügend Abstand hat. In einem Gespräch können Sie dann Möglichkeiten für eine Lösung ausloten. In allen anderen Fällen brauchen Sie eine dritte Partei, die Ihnen bei der Lösung hilft.

Den ersten Schritt zur Lösung haben Sie mit Ihrem Gegner schon getan, wenn Sie sich auf einen Vermittler oder Berater geeinigt haben, der Sie im Lösungsprozess begleitet.

Miteinander sprechen, Ursachen analysieren, Lösungen finden

Konfliktlösungsgespräch

„Lassen Sie uns mal in Ruhe über die Sache reden" – mit diesen Worten können Sie Ihrem Konfliktgegner signalisieren, dass Sie bereit sind, den Konflikt durch ein Gespräch zu lösen, das sechs Schritte umfasst:

Gespräch eröffnen, Ziele klären

- *Schritt 1: Das Gespräch eröffnen:* Während des Konfliktes haben Sie sich von Ihrem Konfliktgegner emotional weit entfernt. In der Gesprächseröffnung müssen Sie vor allem eine gemeinsame emotionale Basis finden. Suchen Sie deshalb zu Beginn Themen, die Sie verbinden. In diesem Schritt entsteht wieder eine Beziehung zwischen Ihnen und Ihrem Gegner, sodass Sie die Konfliktlösung nicht als Gegner, sondern als Partner starten können.

- *Schritt 2: Das Ziel des Gespräches klären:* Das Gespräch hat nur ein Ziel: Sie wollen den Konflikt lösen oder besprechen, auf welche Weise eine Lösung möglich ist. In diesem Schritt müssen beide Parteien eingestehen, dass Sie einen Konflikt haben und diesen lösen wollen. Damit macht keine der Parteien ein Zugeständnis. Es ist die Einigung über den Lösungsprozess. Weiter klären Sie, worin genau der Konflikt besteht. Damit entwickeln Sie ein gemeinsames Verständnis der Interessengegensätze. Stellen Sie sich mit Ihrem Konfliktgegner gemeinsam die folgenden Fragen: „Was läuft zwischen uns schief?" „Was ist der Anlass des Streites?"

Lösung suchen und finden

- *Schritt 3: Gemeinsam eine Lösung suchen:* Voraussetzung für die Lösung ist das gegenseitige Verständnis der Motive und Interessen. Zu Beginn dieses Schrittes können Sie eine gemeinsame Konfliktdiagnose machen. Damit erreichen Sie ein gemeinsames Verständnis der Situation – und das hilft Ihnen und Ihrem Konfliktpartner zudem, die gegenseitigen Interessen anzuerkennen. Erst jetzt kann ein Kompromiss gefunden werden.

An dieser Stelle können Sie auch zu der Feststellung gelangen, dass Sie den Konflikt nicht allein lösen können und eine dritte Partei notwendig ist. Auch dies ist ein weiterer Schritt auf dem Weg zur Lösung. Und nachdem Sie ein gemeinsames Bild über Ihren Konflikt haben, können Sie einen Kompromiss aushandeln.

- *Schritt 4: Lösung zusammenfassen und dokumentieren:* Während der Lösungsfindung entsteht ein Kompromiss. Meistens bewerten die Parteien diesen Kompromiss aus ihrer Sicht. Die Lösung wird unterschiedlich interpretiert, und jede Partei akzeptiert den Kompromiss nur mit ihrer Interpretation. Erst dann, wenn die Lösung zusammengefasst und schriftlich festgehalten ist, haben beide Parteien ein gemeinsames Verständnis von der Lösung. In dieser Phase wird oft um Details in der Formulierung gerungen. Diese kleinen Nuancen sind die Grenze, welche die Annahme des Kompromisses noch möglich macht oder ihn zum Scheitern bringt.

Lösung umsetzen

- *Schritt 5: Nächste Schritte vereinbaren:* Der Kompromiss ist gefunden. Jetzt muss er noch in die Tat umgesetzt werden. In diesem Schritt einigen Sie sich mit Ihrem neu gewonnenen Partner über die dazu erforderlichen Schritte.

- *Schritt 6: Das Gespräch abschließen:* Jede Bewältigung eines Konfliktes ist eine wichtige Erfahrung. Ein Konflikt bringt jeden an die Grenze seiner Handlungsmöglichkeiten. Mit der erfolgreichen Lösung eines Konfliktes haben beide Parteien ihre Konfliktfähigkeit erweitert. Den Abschluss eines Konfliktgespräches sollten deshalb beide Parteien nutzen, um sich über diese Erfahrung auszutauschen. Es wird ihnen in kommenden Konflikten helfen, schneller einen Lösungsweg zu finden.

Konfliktmoderation: Konflikte mit allen Beteiligten lösen

Ich begrüße Sie zu diesem Workshop. Ich weiß, wie schwer es für Sie ist, sich auf diesen Workshop einzulassen. Ich spüre auch die Spannung, die hier im Raum ist. Nach den schwierigen Auseinandersetzungen, die Sie in den letzten Wochen miteinander hatten, ist dies normal. Dass Sie alle hier sind, ist schon ein erster großer Schritt, den Sie aufeinander zugegangen sind. Sie werden diesem Schritt die nächsten zwei Tage weitere Schritte folgen lassen. Meine Rolle dabei ist, Ihnen Wege aufzuzeigen, wie Sie diese Schritte gehen können.

Dies könnten die Worte sein, mit denen Sie als Moderator die Teilnehmer in einem Konfliktklärungs-Workshop begrüßen.

Der Projektleiter als Moderator im Konflikt

Sofern Sie nicht selbst an einem Konflikt in Ihrem Projekt beteiligt sind, können Sie die Lösung des Konfliktes in einem Workshop durchführen. Hier sind Sie nicht Projektleiter und Eskalationsinstanz, sondern Moderator. In dieser Rolle müssen Sie darauf vertrauen, dass die Parteien den Konflikt selbst lösen. Die Moderation eines solchen Workshops verläuft im Prinzip genauso wie bei einer Problemlösung. Es gibt jedoch einige Unterschiede.

Bei der Problembearbeitung zeigen die Teilnehmer eher Neugier und Interesse für die Lösung. Bei einem Konflikt sind die Teilnehmer aggressiv, angespannt oder ängstlich. Die Einstimmung auf den Workshop ist von entscheidender Bedeutung für dessen weiteren Verlauf. Sie braucht Zeit, und die Teilnehmer müssen die Gelegenheit bekommen, ihre emotionale Stimmung zum Ausdruck zu bringen. Eine gute Übung ist, die Teilnehmer ein Bild malen zu lassen. Im Bild sollen sie den Konflikt so darstellen, wie sie ihn erleben. In einem Bild können Zwischentöne und Stimmungen viel besser wiedergegeben werden als mit Worten. Ein Bild ist auch immer interpretierbar. Somit legen sich die Teilnehmer auch in ihren Aussagen noch nicht fest.

Verständnis für andere Sichtweise

Eine Voraussetzung für die Lösung eines Konfliktes ist es, Verständnis für die Sicht der jeweils anderen Partei zu haben. Bei der Sammlung der für den Konflikt wichtigen Aspekte wird es deshalb viele unterschiedliche Einschätzungen geben. Zur Vorbereitung der Kartenabfrage können hier von den Konfliktparteien Plakate zu folgenden Punkten erstellt werden: Streitgegenstände, Konfliktverlauf, Beteiligte und Beziehungen im Konflikt. Dies macht die unterschiedlichen Einschätzungen, aber vielleicht auch schon erste Gemeinsamkeiten deutlich. Auf dieser Basis ist es dann leichter, die Punkte zu nennen, die für die Lösung des Konfliktes wichtig sind.

Wenn es Ihnen bis hierhin gelungen ist, eine Arbeitsatmosphäre im Workshop zu erzeugen, können Sie darauf vertrauen, dass die Teilnehmer eine Lösung finden. Aus dem Konflikt ist ein Problem geworden, das auf der sachlichen Ebene lösbar ist.

Vermittlung durch eine dritte Partei

„Wir kommen alleine nicht weiter. Wir haben einen Dissens, den wir nicht lösen können. Wir sind uns aber beide einig, dass Sie uns bei der Lösung helfen können." So oder so ähnlich kann an Sie der Wunsch für eine Vermittlung in einem Konflikt herangetragen werden. Kommen Sie dem Wunsch nach, dann übernehmen Sie die Rolle eines Vermittlers.

Der Projektleiter als Vermittler

Als Projektleiter sind Sie die Eskalationsinstanz in Ihrem Projekt. Sie werden von Mitarbeitern und Teamleitern gerufen, wenn diese sich nicht mehr in der Lage sehen, den Konflikt zu lösen. Aus ihrer subjektiven Sicht erscheint ihnen der Konflikt bereits so schwer, dass sie keine Möglichkeit mehr sehen, ihn aus eigener Kraft zu lösen.

Als Vermittler müssen Sie sich bemühen, zwischen den Parteien einen akzeptablen Kompromiss zu finden. Der Kompromiss soll allen Interessen Rechnung tragen. Beide Parteien müssen den Kompromiss akzeptieren können. Als Vermittler lösen Sie den Konflikt stellvertretend für die Parteien. Versetzen Sie sich in die Lage der beiden Parteien. Aus dieser Perspektive sehen Sie den Konflikt aus der subjektiven Sicht einer jeden Partei. Ihre Aufgabe ist es, abzuschätzen, welcher Kompromiss oder welche andere Lösung für beide Parteien am ehesten akzeptabel ist.

Schritte im Vermittlungsprozess

Der Vermittlungsprozess umfasst drei Schritte:
- die subjektiven Sichtweisen erfragen,
- die Lösung für die Partei suchen und
- den Parteien die Lösung erklären.

Die subjektive Sicht der Parteien lernen Sie nur in getrennten Gesprächen mit den Parteien kennen. Erfragen Sie deren Sicht auf den Konflikt und welche Lösungen schon vorgeschlagen oder versucht wurden. Fragen Sie auch danach, aus welchen Gründen Lösungen nicht akzeptiert wurden.

Konzentration auf Sachgehalt

Als Vermittler tragen Sie den Konflikt intellektuell mit sich selbst aus und suchen eine Lösung für die Parteien. Dies hat den großen Vorteil, dass Sie sich rein auf den sachlichen Gehalt des Konfliktes konzentrieren können. Aus einer dritten Sicht heraus ergeben sich oft auch Lösungen, welche die Konfliktparteien nicht sehen. Die Vermittlungslösung ist eine Antwort auf die Frage: Was ist aus rein sachlicher Sicht die beste Lösung? Das ist mit hoher Wahrscheinlichkeit auch die Lösung, welche von den Konfliktparteien am ehesten akzeptiert wird.

Eine Vermittlung ist keine richterliche Entscheidung. Der Richter löst einen Konflikt, indem er ein Urteil fällt, an das sich alle Konfliktparteien halten müssen. Bei einer Vermittlung haben die Konfliktparteien den Vermittler und dessen Lösung im Vorhinein akzeptiert. Der Vermittler hat aber keine Macht, seinen Lösungsvorschlag durchzusetzen. Er muss seinen Vorschlag erklären und dafür werben. Überlegen Sie sich deshalb – bevor Sie den Konfliktparteien Ihre Lösung vorschlagen – eine Antwort auf die folgende Frage: Was könnte die Konfliktparteien motivieren, diese Lösung zu akzeptieren?

9. Soft Skills trainieren: Übungsfelder entdecken

Lernen ist wie das Rudern gegen den Strom. Sobald man aufhört, treibt man zurück.

BENJAMIN BRITTEN, 1913–1976,
ENGLISCHER KOMPONIST

Es gibt immer etwas zu lernen

Vielleicht haben Sie einige Anregungen und Tipps dieses Buches schon ausprobiert. Einiges ist Ihnen sicher gut gelungen, anderes vielleicht weniger. Die tägliche Arbeitspraxis ist das beste Lernfeld für die Erweiterung Ihrer Soft Skills. Es ist ein ständiger Kreislauf. Er beginnt damit, dass Sie die Situation im Projekt reflektieren, überlegen, was Sie an Ihrem Verhalten ändern können, es ausprobieren und wiederum reflektieren, wie gut es gelungen ist. Dieses Buch hilft Ihnen, viele Verhaltensmuster der Menschen zu verstehen, die mit Ihnen im Projekt zusammenarbeiten. Und es zeigt Ihnen, was Sie an Ihrem Verhalten verändern können.

Wenn Sie neue Soft Skills erproben, überschreiten Sie immer eine Grenze. Sie geben bekanntes und bewährtes Verhalten auf, um Neues und Ungewohntes zu wagen. Das ist immer ein Risiko. Diesem Risiko steht ein großer Gewinn gegenüber. Mit jeder neu gewonnenen Fähigkeit können Sie besser und flexibler im Projekt agieren. Aber bei jedem neuen Schritt meldet sich wahrscheinlich auch der Vorsichtige in Ihnen: Traust du dir wirklich zu, etwas anderes zu tun? Wirst du damit erfolgreich sein?

Soft Skills trainieren

Leichter wird die Grenzüberschreitung, wenn Sie die neuen Fähigkeiten außerhalb Ihres Projektes trainieren. In Trainings entwickeln Sie ein Gespür für soziale Situationen und verbessern Ihre Fähigkeiten, in ihnen zu reagieren. Klassische Trainings sind Präsentation, Moderation, Gesprächsführung, Verhandeln und Konfliktmanagement. Welches Training Sie auswählen, hängt davon ab, was Sie trainieren wollen. Beobachten Sie sich in der Projektpraxis genau. Sie werden dann feststellen, welche Fähigkeiten Sie in der Praxis trainieren können und für welche Sie die Unterstützung eines Trainers brauchen. Trainings mit Rollenspielen, Gruppenarbeiten, Reflexionsrunden und persönlichem Feedback sind ein gutes Übungsfeld. In diesen Trainings lernen Sie meist viele neue Aspekte an sich kennen. Sie erweitern Ihre Fähigkeiten und stärken zugleich Ihre Persönlichkeit.

Teamtrainings

Teamtrainings im weitesten Sinne haben eine andere Qualität. Sie lernen hier, in einer Gruppe zu agieren, und erhalten ein Feedback über Ihr Verhalten. Das Spektrum dieser Trainings ist groß. Es beginnt bei klassischen Indoor-Teamtrainings über Outdoor-Events bis hin zu Gruppendynamik-Veranstaltungen. Der Wert dieser Trainings liegt in ihrem Angebot zur Reflexion über das Verhalten in der Gruppe. Die Übungen sind nur ein Aufhänger dafür. Sie bringen Sie in bisher noch nicht gekannte Situationen, in denen Sie neue Verhaltensmuster entwickeln müssen.

Planspiele, Simulationen und Organisationslaboratorien

Planspiele, Simulationen und Organisationslaboratorien sind eine weitere Möglichkeit, Soft Skills zu trainieren. Die Idee dieser Trainings ist, Arbeitssituation „off the job" zu simulieren. Die Teilnehmer bekommen in diesen Trainings eine Rolle, die sie ausfüllen müssen. Im Gegensatz zu Teamtrainings sind die Situationen komplexer und die Anzahl der Akteure größer. Neben den Soft Skills trainieren die Teilnehmer vor allem auch ihre Fähigkeit, in vernetzten Systemen zu denken und zu handeln.

Trainingsfelder in anderen Bereichen

Ihre soziale Kompetenz können Sie auch ganz losgelöst von den Anforderungen Ihres Jobs trainieren. Spielen Sie in einer Theatergruppe mit, engagieren Sie sich in gemeinnützigen Organisationen und betreiben Sie aktiv Networking. In all diesen Aktivitäten werden Soft Skills von Ihnen gefordert, für die der Beruf nur wenige Übungsfelder bietet. Sie erweitern Ihr Verhaltensrepertoire und damit die Fähigkeit, in unbekannten und für Sie neuen sozialen Situationen adäquat zu handeln.

Literaturverzeichnis

Birkenbihl, Vera F.: *Fragentechnik … schnell trainiert.* Frankfurt/Main: Moderne Verlagsgesellschaft 2005

Birkenbihl, Vera F.: Stroh im Kopf. *Gebrauchsanleitung fürs Gehirn.* Frankfurt/Main: Moderne Verlagsgesellschaft 2005

Braun, Roman: *Die Macht der Rhetorik.* München: Piper 2003

Breger, Wolfram; Grob, Heinz Lothar: *Präsentieren und Visualisieren, mit und ohne Multimedia.* München: dtv 2003

Brocher, Tobias: *Gruppenberatung und Gruppendynamik.* Leonberg: Rosenberger Fachverlag 1999

Ciompi, Luc: *Die emotionalen Grundlagen des Denkens. Entwurf einer fraktalen Affektlogik.* Göttingen: Sammlung Vandenhoeck & Ruprecht 2004

Cohn, Ruth: *Von der Psychoanalyse zur Themenzentrierten Interaktion.* Stuttgart: Klett-Cotta 2004

Cube, Felix von: *Lust an Leistung. Die Naturgesetze der Führung.* München: Piper 2004

Fisher, Roger; Ury, William; Patton, Bruce: *Das Harvard-Konzept. Sachgerecht verhandeln, erfolgreich verhandeln.* Frankfurt/Main, New York: Campus 2004

Fittkau, Bernd; Müller-Wolf, Hans-Martin; Schulz von Thun, Friedemann: *Kommunikation lernen (und umlernen).* Aachen: Hahner 1994

Glasl, Friedrich: *Konfliktmanagement.* Stuttgart: Freies Geistesleben 2004

Goleman, Daniel: *Emotionale Intelligenz.* München: dtv 1999

Haynes, Marion E.: *Konferenzen erfolgreich gestalten. Wie man Besprechungen und Konferenzen plant und führt.* Wien: Wirtschaftsverlag Ueberreuter 2002

Heintel, Peter; Krainz, Ewald: *Projektmanagement. Eine Antwort auf die Hierarchiekrise.* Wiesbaden: Gabler 2000

Hugo-Becker, Annegret; Becker, Henning: *Psychologisches Konfliktmanagement.* München: dtv 2004

Katzenbach, John R.; Smith, Douglas: *Teams – der Schlüssel zur Hochleistungsorganisation.* Landsberg am Lech: Moderne Industrie 2003

Klebert, Karin; Schrader, Einhard; Straub, Walter: *Die Moderations-Methode.* Hamburg: Windmühle 2002

Klebert, Karin; Schrader, Einhard; Straub, Walter: *Kurz-Moderation.* Hamburg: Windmühle 2003

Lumma, Klaus: *Die Teamfibel.* Hamburg: Windmühle 2005

Menzel, Wolfgang: *Rhetorik. Sicher und erfolgreich sprechen.* München: dtv 2000

Neuland, Michele: *Neuland-Moderation.* Bonn: Managerseminare Verlag 2002

Philippi, Reinhard: *30 Minuten für eine professionelle Beamer-Präsentation.* Offenbach: GABAL 2003

Riemann, Fritz: *Die sieben Grundformen der Angst.* München: Ernst Reinhardt Verlag 2000

Saul, Sigmar: *Führen durch Kommunikation.* Weinheim/Basel: Beltz 1999

Schulz von Thun, Friedemann: *Miteinander reden 1. Störungen und Klärungen.* Reinbek bei Hamburg: Rowohlt 2005

Schulz von Thun, Friedemann: *Miteinander reden 2. Stile, Werte und Persönlichkeitsentwicklung.* Reinbek bei Hamburg: Rowohlt 2005

Schulz von Thun, Friedemann: *Miteinander reden 3. Das „innere Team" und situationsgerechte Kommunikation.* Reinbek bei Hamburg: Rowohlt 2005

Schwarz, Berthold: *Konfliktmanagement. Konflikte erkennen, analysieren, lösen.* Wiesbaden: Gabler 2003

Seifert, Josef W.: *Visualisieren, Präsentieren, Moderieren.* Offenbach: GABAL 2003

Sprenger, Reinhard K.: *Mythos Motivation.* Frankfurt/Main, New York: Campus 2001

Stahl, Eberhard: *Dynamik in Gruppen. Handbuch der Gruppenleitung.* Weinheim, Basel, Berlin: Beltz 2001

Watzlawick, Paul; Beavin, Janet H.; Jackson, Don D.: *Menschliche Kommunikation. Formen, Störungen, Paradoxien.* Bern, Stuttgart, Toronto: Verlag Hans Huber 2003

Weisbach, Christian-Rainer: *Professionelle Gesprächsführung. Ein praxisnahes Lese- und Übungsbuch.* München: dtv 2003

Stichwortverzeichnis

Der Autor

Dr. Tomas Bohinc kann auf langjährige Erfahrungen in einem großen Unternehmen zurückblicken. Seit 1984 ist er für die Deutsche Telekom AG und ihre Vorgängerorganisationen in den Bereichen Software Engineering, Personalentwicklung, Innovationsmanagement und Organisationsentwicklung tätig. Seine Schwerpunkte sind Strategieentwicklung, Teamentwicklung und das Management von Veränderungsprozessen und Moderation von Großgruppenveranstaltungen. Daneben ist er Trainer zu Themen wie Moderation, Gesprächsführung und Konfliktmanagement. Unter anderem hat er eine Trainingsreihe zu Soft Skills für Projektleiter konzipiert und acht Jahre lang durchgeführt. Nebenberuflich ist er Referent an der Technischen Akademie Esslingen.

Er studierte Physik und Nachrichtentechnik sowie Philosophie und absolvierte ein Postgraduiertenstudium im Bereich Team- und Organisationsentwicklung. Er ist bei T-Systems, einem Tochterunternehmen der Deutschen Telekom AG, im Bereich der Personal- und Kulturentwicklung tätig.

Seit über 15 Jahren veröffentlicht Tomas Bohinc zudem regelmäßig Fachartikel zu Kommunikations-, Management- und HR-Themen.

Mehr Informationen zum Autor und zu den Themen des Buches finden Sie auf der Internetseite zum Buch:
www.softskills-fuer-projektleiter.de

Kontaktadresse des Autors

Dr. Tomas Bohinc, Waldstraße 52, 64569 Nauheim
E-Mail: Tomas-Bohinc@softskills-fuer-projektleiter.de

GABAL

Business-Bücher für Erfolg und Karriere

Bin ich ein Unternehmertyp?
152 Seiten
ISBN 978-3-89749-861-7

Personalbeurteilung im Unternehmen
184 Seiten
ISBN 978-3-89749-806-8

Der Prüfungserfolg
180 Seiten
ISBN 978-3-89749-859-4

Starke Frauen reden Klartext
128 Seiten
ISBN 978-3-89749-863-1

Für immer aufgeräumt
160 Seiten
ISBN 978-3-89749-735-1

Der Omega-Faulpelz
144 Seiten
ISBN 978-3-89749-628-6

Meine 202 besten Tipps für Verkäufer
192 Seiten
ISBN 978-3-89749-804-4

Small Talk von A bis Z
168 Seiten
ISBN 978-3-89749-673-6

Kreativitätstechniken
136 Seiten
ISBN 978-3-89749-736-8

Führungsfaktor Gesundheit
160 Seiten
ISBN 978-3-89749-732-0

Beschwerdemanagement
184 Seiten
ISBN 978-3-89749-733-7

Karriere machen, ohne Chef zu sein
192 Seiten
ISBN 978-3-89749-807-5

Informationen über weitere Titel unseres Verlagsprogrammes erhalten Sie in Ihrer Buchhandlung, unter **info@gabal-verlag.de** oder **www.gabal-verlag.de.**

8-051